HOMME OU SINGE?

A VOUS,

MESSIEURS LES SAVANTS!

HOMME OU SINGE?

PAR

F. MUSANY

(de la FRANCE CHEVALINE)

PARIS

E. DENTU, LIBRAIRE-ÉDITEUR

LIBRAIRE DE LA SOCIÉTÉ DES GENS DE LETTRES

PALAIS-ROYAL, 15-17-19 GALERIE D'ORLÉANS

1886

(Tous droits réservés.)

AVANT-PROPOS

Le 7 novembre dernier, la *Revue scientifique*
publiait l'article suivant de M. J. Delbœuf :

L'INTELLIGENCE DES ANIMAUX

La *Revue scientifique* a bien voulu accueillir une communication que je lui ai adressée sur l'*Intelligence des
animaux*. Voici quelques faits nouveaux, suggérés par la
petite note qui a paru dans le n° du 10 octobre sur *le chien
de sir John Lubbock.*

La question de l'intelligence animale m'a toujours vive-
ment préoccupé. Je suis de ceux qui croient fermement
à la doctrine de l'évolution et qui, par conséquent, vou-
draient trouver des formes de transition entre l'homme et
les animaux supérieurs. Anatomiquement et physiologi-
quement parlant, ces formes existent abondamment ; au
point de vue intellectuel, je dois avouer que, pour ma
part, je n'en connais pas. Je ne puis pas, en effet, regarder
comme comblant le fossé, les idiots, les crétins et les
monstres. Je dirai même que l'on gâte la cause du trans-

formisme en les faisant défiler comme preuves. Les animaux, même les plus simples, sont suffisamment armés pour la lutte et savent se conserver eux-mêmes et leur espèce. Les idiots sont des êtres imparfaits qui ne vivent que par les soins d'une philanthropie, à mon sens, mal entendue.

Évidemment on peut trouver ces formes de transition chez les sauvages. Mais les sauvages, même les plus abjects, placés le plus bas sur l'échelle de l'intelligence, possèdent le langage, c'est-à-dire un système de signes *conventionnels*, et quelques notions abstraites, par exemple celles de bons et de mauvais esprits, celle de nombre, etc. Sans doute les animaux ont leur langage, mais ce langage n'a pas l'air d'être conventionnel; je veux dire par là qu'un chien français correspond immédiatement avec un chien allemand, un anglais ou un espagnol. Peut-être certains animaux, les fourmis par exemple, ont un langage de cette espèce; il est même possible que les guerres de fourmilières à fourmilières proviennent d'une différence de langue; mais c'est là une vue toute problématique.

Je concilie volontiers ma foi absolue dans le transformisme avec l'absence de données expérimentales, en me disant que les formes de transition ont sans doute disparu. Il est certain, et j'ai démontré ailleurs qu'il devait en être ainsi, que les formes de transition tendent partout à disparaître et les différences à s'accentuer. Ce qui se ressemble trop se fait la guerre : c'est l'inverse du proverbe vulgaire : Qui se ressemble s'assemble.

J'ai cependant encore une autre ressource. Je me dis que peut-être on s'y prend mal avec les animaux qu'on veut instruire. J'ai bien souvent admiré l'intelligence des animaux, du chien en particulier, sur cette réflexion qu'après tout nous ne leur parlons pas *chien*, que nous ne nous sommes jamais ingéniés à comprendre leur langage, tandis qu'eux, animés surtout par le désir de plaire, sont arrivés à comprendre et nos phrases, et nos gestes, et notre physionomie. Dans l'article que j'ai rappelé plus haut, on voit que sir Lubbock fait une réflexion semblable.

Certainement les montreurs d'animaux savants possèdent, pour entrer en communication avec leurs élèves, des méthodes que les profanes comme moi ne connaissent pas ou appliquent mal. J'ai vu l'autre jour, dans un théâtre, des chiens qui faisaient gaîment et en dehors de l'œil du maître, des choses vraiment merveilleuses ; et je me disais, en les voyant, que le professeur qui formait de pareils artistes acrobates saurait peut-être, s'il voulait s'en donner la peine et s'il y prenait intérêt, leur apprendre aussi à compter et à faire, par exemple, une petite addition.

Quant à moi, j'ai voulu apprendre à compter à une jeune chienne griffon, très intelligente et très remuante, qui avait fait preuve de grandes aptitudes pour les tours d'agilité et même d'intelligence, pour distinguer, par exemple, la main droite de la main gauche. Voici en quoi consistait mon procédé : je lui mettais devant elle deux assiettes, l'une avec trois morceaux friands (sucre ou foie), l'autre avec quatre. Il lui était permis de manger les trois morceaux, mais non les quatre. Je ne suis jamais parvenu à lui faire faire la distinction abstraite, et au bout de peu de temps, la pauvre petite bête, quand elle me voyait préparer les assiettes, serrait la queue entre ses jambes et se mettait à trembler. Elle n'avait pas de dispositions pour les mathématiques.

J'ai possédé autrefois des oiseaux (tarins, serins et chardonnerets) très familiers. — Par parenthèse, j'ai une spécialité pour apprivoiser les oiseaux ; un oiseau que j'achète aujourd'hui, le matin au marché, volera le jour même tout autour de moi pour prendre dans ma bouche sa nourriture. C'est une affaire de patience. Ces oiseaux jouaient à cligne-musette avec moi. Leur cage était dans une chambre du premier étage ; je descendais dans une pièce du rez-de-chaussée, je me cachais derrière ou sous un meuble, puis je les appelais : ils accouraient, me cherchaient, me trouvaient, je dois le dire, tout de suite, et venaient prendre dans ma bouche des grains de chènevis.

Si je tenais la bouche fermée, ils y donnaient de furieux coups de bec. Un jour même, l'un d'entre eux se mit pour cela tellement en colère contre moi, je le crois du moins, qu'il tomba mort sur place. Je m'avisai de mettre cette familiarité à profit pour voir s'ils sauraient compter jusqu'à trois. Quand ils avaient trois grains de chènevis, je les effrayais en jetant un grand cri; puis, nous recommencions le jeu. Je croyais qu'à la longue ils s'enfuiraient d'eux-mêmes après le troisième grain, ils ne l'ont jamais fait.

J'ai possédé un caniche extrêmement intelligent qui apprenait en fort peu de temps ce qu'on apprend d'ordinaire à ces sortes de chiens et même autre chose encore. Par exemple, ma femme m'ayant appris qu'un chien qu'elle avait étant jeune fille jouait avec elle à cache-cache, j'avais enseigné ce jeu à mon chien en quelques minutes. Il s'agissait pour lui de trouver un mouchoir de poche que l'on cachait dans l'appartement. Il fallait voir avec quelle conscience grave le chien se tenait immobile dans un coin, sans tourner la tête, jusqu'au moment où l'on disait: *Cherche!* Il cherchait alors avec fureur, trouvait assez vite le mouchoir, le rapportait tout joyeux, puis de lui-même allait se remettre dans son coin.

Eh bien, à ce chien je n'ai jamais pu apprendre à compter jusqu'à quatre. Je mettais devant lui un morceau de foie auquel il ne devait pouvoir toucher qu'après quatre coups tapés sur la table. J'avais commencé par compter tout haut *un, deux, trois, quatre*. Il reconnut bientôt le son *quatre* et surtout l'intonation que j'y mettais, au point que si je comptais *un, trois, quatre*, ou bien *un, deux, un, trois, quatre*, le résultat était toujours le même. Puis je comptai *un, un, un, un*, mais en conservant l'intonation finale, même succès. Puis je remplaçai la voix par les coups d'une règle contre la table. Le quatrième coup, frappé plus fort et avec un geste plus marqué, était pour lui le signal attendu, et il le reconnaissait. Mais quand je m'astreignis à frapper les coups d'une manière bien uniforme, l'animal montra qu'il n'y était plus, et mes échecs successifs lassèrent ma persévérance.

Je pourrais rappeler aussi, à cette même occasion, un petit chien (croisé de loulou et d'épagneul) que M. Guyan, l'ingénieux moraliste, fera peut-être passer à la postérité, parce qu'il a cité de lui un acte des plus méritoires. Ma mère se levait de bonne heure et allumait elle-même son feu. Elle avait enseigné à Marquis — j'allais oublier de dire que c'était le nom de mon chien — d'aller chercher le bois au grenier. Il devait en quérir cinq morceaux, pas plus : c'était la règle. Le petit animal prenait le plus vif intérêt à l'opération et montait et descendait les escaliers avec une rapidité à se briser les reins ; or, il ne cessait d'apporter le bois que lorsque ma mère disait : *Assez !* Un jour même, nous étions partis, laissant le chien seul à la maison ; que voyons-nous en rentrant ? La chambre toute remplie de bois... Marquis, pour se désennuyer, avait trouvé charmant d'exécuter le manège du matin, et il avait vidé le grenier littéralement.

De ces faits, je ne veux tirer aucune conclusion d'aucune sorte, ni surtout celle-ci, que les chiens ne seraient pas susceptibles d'acquérir la notion abstraite du nombre. Les insuccès d'un simple amateur comme moi dans l'art d'instruire les animaux ne prouvent pas grand'chose. C'est pourquoi je voudrais voir un instructeur compétent et intelligent saisir la question de près et chercher à la résoudre. Tel est le but de ces lignes. Une pareille tentative, conduite avec intelligence et persévérance, vaudrait pour la science mainte expérience de laboratoire.

Ayant lu l'article qui précède, j'adressai à M. Charles Richet, directeur de la *Revue scientifique*, la lettre suivante :

MONSIEUR LE DIRECTEUR,

Je viens de lire dans le numéro du 7 novembre dernier de la *Revue scientifique* un article de M. J. Delbœuf sur l'intelligence des animaux. Voulez-vous me permettre d'y faire une courte réponse que je vous serais très reconnaissant de publier.

C'est en se basant sur l'idée préconçue que les animaux ont une certaine dose d'intelligence, qu'on est arrivé à *supposer* qu'ils peuvent communiquer entre eux au moyen d'un langage que nous ne comprenons pas ; allant de supposition en supposition, on peut croire possible que les guerres de fourmilières à fourmilières proviennent d'une différence de langue ; mais, comme le fait remarquer M. Delbœuf, c'est une vue *toute problématique*. Les explications qu'a données de ces faits le docteur Netter, dans un remarquable chapitre de l'*Homme et l'animal devant la méthode expérimentale*, consacré aux mœurs des fourmis, sont autrement admissibles.

M. J. Delbœuf conclut très judicieusement en exprimant le désir de voir un homme intelligent et compétent dans l'art d'*instruire* (de dresser) les animaux, saisir la question de près et chercher à la résoudre. « Une pareille tentative, ajoute-t-il, conduite avec intelligence et persévérance, vaudrait pour la science mainte expérience de laboratoire. »

C'est précisément la même idée qu'a eue le docteur Netter lorsqu'il m'a proposé de collaborer au livre dont je viens de parler, en y apportant une étude sur *Les pratiques de dressage considérées comme faits expérimentaux*, et c'est bien là, en effet, le terrain sur lequel il faut se placer pour arriver à résoudre la question. L'animal, au point de vue anatomique et physiologique, est connu des savants, et je ne pense pas que de nouvelles expériences de vivisection puissent le faire connaître au point de vue psychologique. Seuls, les procédés de dressage peuvent éclairer la science sur ce point ; il est évident, en effet, que si les animaux sont capables de comprendre quoi que ce soit, ceux qui les dressent doivent entrer en communication intellectuelle avec eux.

Mais, précisément, les montreurs d'animaux savants veulent faire croire au public qu'ils ont le don mystérieux de pénétrer la nature intime des bêtes et de leur imposer leurs volontés... et ils prétendent garder leur secret.

Or, j'ai montré ce qu'il en est en divulguant quelques-uns de ces secrets.

De son côté, M. Delbœuf juge très sainement les faits lorsqu'il parle du chien réputé très intelligent auquel il n'a jamais pu apprendre à compter jusqu'à quatre ; le chien reconnaissait le *son* quatre et surtout l'*intonation* et le *geste ;* mais quand les coups étaient frappés ou les mots prononcés d'une manière uniforme, l'animal n'y était plus.

Et comment, lorsque M. Delbœuf a vu, dans un théâtre, des chiens qui faisaient, *en dehors de l'œil du maître,* des choses merveilleuses, comment ne lui est-il pas venu à l'esprit qu'au théâtre tout est merveilleux, tout est illusion, tout est *truc ?* et que les animaux dont il admirait l'intelligence ne faisaient rien de plus merveilleux que son caniche et obéissaient à des *sons,* à des *intonations,* à des *gestes* qui, pour être cachés aux yeux des spectateurs, n'en existaient pas moins sur la scène ou dans la coulisse ? Où en serions-nous s'il fallait nous en rapporter à nos yeux quand nous assistons, par exemple, à des séances de prestidigitation ?

Puisque M. Delbœuf connaît les moyens d'apprivoiser et de dresser les oiseaux — moyens que, entre parenthèses, je ne connais pas et désirerais connaître, — qu'il nous dise comment il s'y prend, et *on verra qu'il s'agit encore de produire et d'associer certaines sensations,* d'agir sur les *sens* et non sur le *moral.*

Voilà pourquoi, contrairement à M. Delbœuf, je suis absolument certain que jamais le « professeur » de chiens savants le plus habile ne réussira à leur apprendre quoi que ce soit en leur *parlant chien,* et que toute méthode de dressage doit être basée uniquement sur l'association et l'antagonisme de certaines sensations. J'ajoute que c'est en cherchant à se faire comprendre des animaux et en voulant les traiter comme des êtres intelligents, qu'on les rend souvent rétifs ou dangereux, tandis qu'en n'agissant que sur leurs sens on réussira toujours.

Il est facile d'ailleurs de faire des expériences *scientifiques* de dressage qui seront concluantes. Ce serait, je crois, en tout cas, une heureuse innovation.

La petite aventure de Marquis n'a rien de surprenant : les chiens qu'on a dressés à rapporter rapportent souvent *par habitude* tous les objets laissés à leur portée ; si un homme agissait de même, on le considérerait avec raison comme un idiot.

On ne s'est jamais ingénié à comprendre le langage des chiens, dit M. Delbœuf. C'est une erreur : beaucoup ont essayé et ont même prétendu avoir réussi, — un de mes cousins entre autres ; mais il est vrai que personne n'a su donner l'interprétation d'un seul mot de ce langage. Et pourtant, de l'avis de M. Delbœuf et des autres partisans de l'intelligence des bêtes, les chiens sont arrivés, eux, à comprendre et nos phrases, et nos gestes, et notre physionomie.

Donc, alors, les chiens sont infiniment plus intelligents que nous ?

C'est là, si je ne me trompe, une éclatante démonstration *ab absurdo*.

F. MUSANY.

M. Charles Richet, que j'allai voir, me fit un accueil très aimable et me donna à entendre, sans pourtant me le promettre, que ma réponse serait insérée.

J'écrivis aussitôt au docteur Netter pour lui annoncer cette nouvelle, en lui disant que j'espérais voir enfin s'engager dans la *Revue scientifique* une discussion dans laquelle les admirateurs de l'intelligence des bêtes seraient battus comme il convient, c'est-à-dire sur toute la ligne.

J'ajoutais cependant que, malgré les bonnes

dispositions que m'avait montrées M. Richet, je n'osais compter sur l'insertion de ma réponse, connaissant depuis longtemps le parti-pris de nos adversaires d'éviter la discussion.

Quelques jours après, je recevais de la *Revue scientifique* la lettre suivante :

Monsieur,

J'ai l'honneur de vous informer que le comité de rédaction de la *Revue scientifique* a décidé de suspendre la publication des articles ayant trait à l'intelligence des animaux.

C'est donc à regret, Monsieur, que je vous retourne votre communication.

Veuillez agréer, etc.

Les lecteurs de la *France Chevaline* savent que, depuis plus de dix ans, je me suis consacré à l'étude expérimentale de la question de l'intelligence des animaux, dont le docteur Netter a indiqué toute l'importance aux points de vue de la zoologie, de la philosophie, de la religion, de la morale et de la politique.

Or, partout et toujours, j'ai été repoussé lorsque j'ai voulu faire connaître mes idées.

Quand j'ai engagé dans la *France Chevaline* une discussion qui, grâce au savant concours du docteur Netter, a amené la conversion de plusieurs de nos adversaires les plus convaincus (entre autres : M. M. de Felcourt, qui aujourd'hui s'efforce de propager la vérité, M. J. Cauchois, le regretté directeur de la *France Chevaline,* M. Alb. Rousseau, M. F. Maurice, directeur de la *Terre aux Paysans*, j'espérais que d'autres revues scientifiques ou philosophiques s'empareraient de la question. Il n'y a eu aucun résultat de ce côté, et j'ai cru devoir renoncer à prolonger dans le même journal une discussion qui ne pouvait intéresser qu'indirectement les lecteurs. J'ai frappé à d'autres portes.

Les journaux qui accueillent tous les jours les récits, d'ailleurs fort attrayants, où l'on exalte l'intelligence des animaux, ne veulent pas se prêter à la discussion d'une question qu'ils jugent, avec raison sans doute, trop aride pour leurs lecteurs.

Mais il semble qu'il ne devrait pas en être de même des revues sérieuses.

Pour n'être pas conforme aux théories darwiniennes, une opinion qui fut celle de Descartes, de Buffon — CET ADMIRABLE PHILOSOPHE, — de Bossuet, pour ne citer que ceux-là, n'en a pas moins, en somme, quelque valeur. Et quand, à l'appui de cette opinion, on apporte de nouvelles preuves, ou tout au moins de nouveaux arguments comme ceux que le docteur Netter et moi avons réunis, est-il loyal de se refuser à les faire connaître et à les discuter?

Reconnaissant les nombreuses erreurs qui se sont glissées dans mes premiers ouvrages sur le *Dressage du cheval de selle*, je viens de refaire entièrement mon travail, qui paraît en ce moment dans la *France Chevaline*.

Est-ce que la discussion de l'intelligence des

animaux gênerait les nombreux savants qui ont fait des travaux considérables en s'inspirant des théories darwiniennes, qui ne peuvent guère les refaire en sens opposé et qui ont intérêt à ne pas reconnaître qu'ils se sont complètement trompés ?

Je suis bien obligé de supposer cela, ne trouvant pas d'autre explication possible, attendu que, si le public peut se laisser abuser grossièrement par les apparences, il est impossible que des savants soient aveuglés de même au point de nier qu'il fasse jour à midi.

Et, comme je suis fort à mon aise pour dire librement ce que je pense, je n'hésite pas plus longtemps à le faire et j'en appelle publiquement ici à l'Académie des sciences et à l'Académie des sciences morales et politiques.

Aussi bien, les commentaires sur des historiettes du genre de celles que contenait encore la *Revue scientifique* du 5 décembre dernier ont atteint le dernier degré du burlesque. Il est temps qu'une réaction se fasse, — ET ELLE SE FERA.

HOMME OU SINGE ?

I

DARWIN

Il serait, sans doute, facile de soutenir cette
thèse que, depuis son apparition sur notre pla-
nète, l'Homme, chétif rejeton d'une race de
géants ou de demi-dieux, va de jour en jour dé-
générant ; que, sous prétexte d'augmenter notre
bien-être, nous nous créons des besoins de plus
en plus nombreux qui nous rendent la vie de
plus en plus pénible ; qu'un quart des maladies
auxquelles nous sommes sujets est causé par la
coupe perfectionnée de nos vêtements, un autre
quart par la savante architecture de nos habita-
tions, un troisième par la préparation raffinée

que subissent nos aliments et nos boissons, et le quatrième par le genre de vie que nous menons; que ce qui nous est parvenu des travaux grandioses des anciens n'est rien auprès de tous les admirables chefs-d'œuvre qui probablement ont disparu dans les entrailles de la terre; que toutes les inventions et les découvertes font beaucoup plus de mal que de bien; que le développement de l'industrie arrache les paysans à la terre; que les chemins de fer, en abrégeant les voyages, leur enlèvent tout leur charme et, en facilitant les importations et les exportations, sont la principale cause de la falsification de tous les produits; que les instruments nouveaux grâce auxquels nous augmentons la variété de nos connaissances, bien loin de nous autoriser à croire que nous parviendrons un jour à découvrir les causes de tout et à résoudre les grands problèmes, nous donnent mille preuves de plus de notre impuissance en face de l'infini; que l'imprimerie et la propagation de l'instruction répandent partout plus d'erreurs que de vérités, et que, chaque fois qu'une doctrine comme celle de Darwin se fait jour, c'est un immense pas en arrière que fait l'humanité.

Mais quelque opinion que l'on ait relativement aux progrès accomplis par l'homme, personne ne peut contester qu'il fasse tous les jours des inventions nouvelles, qu'il modifie, transforme, de sa propre volonté, tout ce qui l'entoure, ses propres habitudes et ses moyens d'action.

Au contraire, depuis que l'on voit et que l'on étudie les animaux, on a toujours constaté d'une manière générale que leurs habitudes, leurs mœurs ne varient pas, que ceux d'entre eux qui exécutent de curieux travaux les font toujours de la même manière.

Donc, ce qui saute aux yeux dès le premier examen, c'est une différence essentielle existant entre l'homme et tous les animaux.

Mais voici que les savants modernes prétendent soutenir le contraire.

Sur quelle vérité fondamentale, sur quels faits certains appuient-ils leur manière de voir?

Darwin, qu'on peut considérer comme le chef de cette nouvelle école, puisqu'il a donné son nom à la doctrine qu'elle enseigne, dit dès les premières lignes de l'Introduction de l'*Origine des Espèces* :

« J'étais en qualité de naturaliste à bord du
» vaisseau de Sa Majesté Britannique *The Bea-*
» *gle,* lorsque pour la première fois je fus frappé
» de certains faits dans la distribution des êtres
» organisés qui peuplent l'Amérique du Sud et

» des relations géologiques qui existaient entre
» les habitants passés et présents de ce continent.
» Ces faits, ainsi qu'on le verra dans les derniers
» chapitres de cet ouvrage, semblent jeter quel-
» que lumière sur l'origine des espèces, ce « mys-
» tère des mystères, » ainsi que l'a appelé l'un
» de nos plus grands philosophes. »

Ne considérant d'abord que les ressemblances matérielles, fonctionnelles qui existent entre tous les êtres organisés, il est conduit à penser qu'il ne serait pas impossible qu'ils descendissent tous de quelques formes originelles, lesquelles se seraient peu à peu transformées, — ou même d'une seule.

Il réunit patiemment toutes les hypothèses et tous les sophismes (1) qui peuvent appuyer cette théorie, et les publie dans un gros livre plein d'érudition : L'*Origine des Espèces*.

Il reconnaît « qu'il est obligé d'exposer ses
» idées sans les appuyer sur beaucoup de faits,

---

(1) Tous les raisonnements de Darwin et des savants de son École en ce qui concerne l'intelligence des animaux ont la valeur de celui-ci : « Le chien remue la queue *pour* exprimer sa joie lorsqu'il revoit son maître ; *donc* il est capable d'affection. » Or la première proposition est une manifeste pétition de principe. Il est seulement certain en effet, que le chien remue la queue *quand* il revoit son maître, ce qui montre que la vue du maître produit chez le chien une sensation agréable, mais non que l'animal a't conscience de cette sensation ni du mouvement qu'elle détermine.

» et qu'il se voit forcé de compter sur la confiance
» que ses lecteurs pourront avoir dans l'exacti-
» tude de ses jugements (1). » Il dit : « Je suis
» convaincu, je crois, bien que je ne puisse
» encore prouver (2), » ce qui est bien près,
comme on voit, du fameux : *Credo quia absur-
dum*.

Les documents géologiques, d'après lui, sont
beaucoup plus incomplets qu'on ne suppose (3),
et il doit y avoir disparition d'une *infinité* de
chaînons généalogiques. Tous ces chaînons, aujourd'hui épars ou disparus, doivent appartenir
à une même chaîne qu'il ne s'agit plus que de
reconstituer.

Mme Clémence Royer, traducteur de l'*Origine
des Espèces*, après avoir critiqué, non sans raison,
l'hypothèse que les premiers bœufs et les premiers moutons auraient poussé leurs cornes hors
du sol en même temps que les premiers éléphants
montraient leur trompe et les premiers lions leur
crinière (4), nous fait voir que l'origine des êtres
peut s'expliquer d'une manière plus simple :
Pourquoi, en effet, ne pas admettre que la terre,
matrice universelle, ait eu, à l'une des phases de

(1) *Orig. des Espèces*, 5e édition, p. 2.
(2)   *Id.*   *id.*   préface de Cl. Royer, p. xx.
(3)   *Id.*   *id.*   p. 480.
(4)   *Id.*   préface, p. XXVI.

son existence, le pouvoir d'élaborer la vie et de produire un nombre immense de germes, tous semblables d'ailleurs, destinés à former successivement tous les organismes (1)?

C'est ainsi que Darwin lui-même cherche et trouve la réponse à tous les *pourquoi* qui obsèdent son esprit et qui ne laisseraient pas d'embarrasser un penseur dont le savoir serait moins universel et l'esprit moins avisé.

L'habileté avec laquelle il a su présenter et faire accepter sa doctrine mérite de fixer l'attention.

D'abord il publie l'*Origine des Espèces* où il s'exprime avec la plus grande réserve : « Il me paraît » probable que..... On ne sait si..... mais cela est » probable..... Un tel attribue..... Certains au- » teurs adoptent..... On assure que..... C'est peut- » être à..... qu'il faut attribuer..... » et ainsi de suite. Et il se borne à avancer qu'il se pourrait que toutes les espèces existantes eussent été formées les unes des autres par une série d'évolutions successives. « Il est sans doute extrême- » ment difficile, même de conjecturer par quels » degrés successifs beaucoup d'organismes se sont » perfectionnés, surtout parmi les groupes orga- » niques incomplets et en voie de décroissance qui

____

(1) *Orig. des Espèces*, notes du traduct., note 104, p. 61.

» ont déjà souffert beaucoup d'extinctions. Mais
» nous voyons tant d'étranges gradations d'orga-
» nismes dans la nature que nous ne devons affir-
» mer qu'avec toute réserve qu'un organe, un ins-
» tinct ou une organisation quelconque n'a pu
» arriver à son état présent par une suite de chan-
» gements graduels (1). »

Du reste « il ne voit aucune raison pour que
» les vues exposées dans son ouvrage bles-
» sent les sentiments religieux de qui que ce
» soit (2). Un théologien célèbre lui a écrit un
» jour qu'il avait appris par degrés à recon-
» naître que c'est avoir une conception aussi
» juste et aussi grande de la Divinité de croire
» qu'elle a créé seulement quelques formes origi-
» nelles, capables de se développer d'elles-mêmes
» en d'autres formes utiles que de supposer qu'il
» faille un nouvel acte de création pour combler
» les vides causés par l'*action de ses lois* (sic). »

Et il termine son livre en disant « qu'il y a de
» la grandeur à envisager, comme il l'a fait, la
» vie et ses diverses puissances, animant à l'ori-
» gine quelques formes ou une forme unique,
» *sous l'œil du Créateur* (3). »

(1) *Orig. des Espèces,* p. 476.
(2)   *Id.*   p. 497.
(3)   *Id.*   p. 506.

Tant de prudence et de modestie de la part d'un grand savant devait exciter l'admiration, enflammer le zèle de nouveaux disciples ambitieux de grandir l'œuvre du maître. Et, en effet, la doctrine se répand de tous côtés.

Alors, dans l'Introduction de la *Descendance de l'Homme*, l'auteur se décide à faire un aveu :

« J'ai, dit-il, pendant bien des années, recueilli
» des notes sur l'origine et la descendance de
» l'homme, sans avoir aucune intention de faire
» quelque publication sur ce sujet; bien plus,
» *pensant que je ne ferais qu'augmenter les pré-*
» *ventions contre mes vues*, j'avais plutôt résolu
» le contraire. Il me parut suffisant d'indiquer
» dans la première édition de mon *Origine des*
» *Espèces* que l'ouvrage pourrait jeter quelque
» jour sur l'origine de l'homme et son histoire,
» *impliquant* ainsi que l'Homme doit être, avec
» les autres êtres organisés, compris dans toute
» conclusion générale relative à son mode d'ap-
» parition sur la terre (1). »

Et, cette fois, le singe est présenté comme l'ancêtre probable de l'Homme, et Darwin compare avec attention les facultés mentales de celui-ci avec celles des animaux.

(1) *Descend. de l'Homme*, 3e édition. Introduction, p. xxiii.

Tous les faits qu'il voit ou qu'on lui raconte
sont analysés minutieusement ; deux pages
entières sont consacrées à un singe qui a
tourné son derrière à une glace (1), et l'auteur montre qu'il pourrait y avoir de l'analogie
entre cet acte et celui de certains sauvages qui,
lorsqu'ils se rencontrent, se frottent réciproque-
ment le ventre avec la main ; malheureusement,
il oublie de nous dire si les sauvages font la même
chose devant une glace, ce qui est précisément le
point essentiel.

« Un petit chat ayant égratigné sa mère adop-
» tive, celle-ci, *étonnée du fait*, et *très intelli-*
» *gente*, examina les pattes du chat et sans autre
» forme de procès » (il n'aurait plus manqué qu'elle
adressât une plainte au procureur) « enleva aus-
» sitôt les griffes avec ses dents (2). » Et la preuve
que le fait est **exact** « c'est que Darwin a pu sai-
» sir avec ses dents les petites griffes aiguës d'un
» chat âgé de cinq semaines ! »

A propos des facultés mentales, il dit : « Bien
» que les actions dépendant d'abord de la volonté
» puissent ensuite être accomplies, grâce à l'ha-
» bitude, avec la sûreté et la rapidité d'une action
» réflexe, il n'est cependant pas improbable qu'il

____

(1) *Descend. de l'Homme*, 3ᵉ édition, p. 679 et suiv.
(2)   *Id.*   *id.*   p. 73.

» existe une certaine opposition entre le dévelop-
» pement de l'intelligence et celui de l'instinct,
» *car* ce dernier implique certaines modifications
» héréditaires du cerveau (1). »

Il reconnaît toutefois « qu'on sait bien peu de
» chose sur les fonctions du cerveau ; mais on
» peut concevoir que... Il semble même, etc. (2). »

Il parle des avantages qui auraient poussé
l'ancêtre de l'homme à marcher sur les pieds, à
se redresser et à se servir de ses mains pour
fabriquer des outils. Et, ayant remarqué que les
proportions d'un organe peuvent être *réduites* ou
augmentées selon l'usage qu'on en fait, il en
conclut que l'usage peut à la longue *transformer*
ces organes (3), de sorte que ce serait en se
livrant à des exercices pour lesquels ils n'étaient
pas aptes qu'ils y seraient devenus aptes.

« Un animal ressemblant à l'homme, pourvu
» d'une main et d'un bras assez parfaits pour
» jeter une pierre avec justesse ou pour trans-
» former un silex en un outil grossier, pourrait
» sans aucun doute, avec une pratique suffisante
» *en ce qui concerne seulement l'habileté mécani-*
» *que,* effectuer presque tout ce qu'un homme

(1) *Descend. de l'Homme,* p. 70.
(2   *Id.*   p. 70.
 3   *Id.*   p. 49 et suiv.

» civilisé est capable de faire (1). » Mais précisément, entre l'accomplissement mécanique d'un
acte et l'idée de l'accomplir, il y a, ce me semble, une nuance qui pourrait bien constituer la
ligne de démarcation que Darwin ne voit pas.
Si, par exemple, utilisant les dispositions du
singe à l'imitation et ses aptitudes de conformation, on le dressait à allumer du feu et qu'on le
laissât seul, il mettrait bientôt le feu à la maison ;
comme la chienne *très intelligente* de M. Delbœuf
qui, dressée à aller chercher quelques morceaux de
bois au grenier, se mit, un jour qu'elle était seule, à
descendre dans la chambre tout le bois du grenier.

Darwin admet, d'après plusieurs auteurs, que
le poids et le volume du cerveau de l'homme
ont certainement augmenté à mesure que ses
diverses facultés mentales se sont développées (2). Et sur quoi repose encore cette assertion, sinon sur les recherches qui ont été forcé-
ment dirigées par des circonstances fortuites ?
Et comment cela s'accorde-t-il avec ce que Darwin
lui-même ajoute « qu'une très petite masse abso-
» lue de substance nerveuse peut développer
» une très grande activité mentale (3) ? »

(1) *Descend. de l'Homme*, p. 49.
(2)				*Id.*				p. 54.
(3)				*Id.*				p. 54.

Quelques pages plus loin il reconnaît formellement « QU'IL EST IMPOSSIBLE DE SAVOIR CE QUI » SE PASSE DANS L'ESPRIT DE L'ANIMAL (1). » Alors de quel droit prétend-il nous le révéler à chaque page de son livre ? Et quelle valeur peuvent avoir les interprétations qu'il donne de tous les faits observés ?

Darwin voit un langage dans les cris des animaux : « Le chien, depuis sa domestication a » appris à aboyer dans quatre ou cinq tons dis- » tincts, au moins. Bien que l'aboiement soit un » *art* nouveau, il n'est pas douteux que les espè- » ces sauvages, ancêtres du chien, exprimaient » leurs sentiments par des cris de nature di- » verse (2)..... Les sons que font entendre les » oiseaux offrent à plusieurs points de vue la plus » grande analogie avec le langage ; en effet, tous » les individus appartenant à une même espèce » expriment leurs émotions par les mêmes cris » instinctifs, et tous ceux qui peuvent chanter » exercent instinctivement cette faculté ; mais » c'est le père ou le père nourricier qui leur *ap-* » *prend* le véritable chant et même les notes d'ap- » pel. Ces chants et ces cris ne sont pas plus in- » nés chez les oiseaux que le langage ne l'est chez

(1) *Descend. de l'Homme*, p. 87.
(2)   *Id.*   p. 89.

» l'homme. Les premiers essais de chant chez
» les oiseaux peuvent être comparés aux tentati-
» ves imparfaites que traduisent les premiers bé-
» gaiements de l'enfant (1)..... Les singes com-
» prennent *certainement* une grande partie de ce
» que l'homme leur dit (2)..... Les fourmis com-
» muniquent facilement les unes avec les autres
» au moyen de leurs antennes, ainsi que l'a
» *prouvé* (3) Huber qui consacre un chapitre en-
» tier à leur *langage* (4), etc. »

Et ailleurs :

« Nous voyons que les animaux peuvent rai-
» sonner, dans une certaine mesure, ce qu'ils
» font évidemment, *sans l'aide d'aucun lan-*
» *gage* (5)..... Les singes possèdent, en somme.
» des organes qui, avec une longue pratique,
» auraient pu leur donner la parole. S'ils ne se
» servent pas de leurs organes vocaux pour par-
» ler, cela dépend sans doute de ce que leur in-
» telligence n'a pas suffisamment progressé (6). »

Je passe sous silence les ingénieuses remarques du savant anglais sur l'atrophie de la

(1) *Descend. de l'Homme,* p. 91.
(2)   *Id.*   p. 92.
(3) Voir dans l'*Homme et l'animal devant la méthode expéri-*
mentale la remarquable réfutation du docteur A. Netter.
(4) *Descend. de l'Homme.* p. 94.
(5)   *Id.*   p. 93.
6   *Id.*   p. 93.

queue (1), sur les poils qui sont restés sur le corps de l'homme (2), précisément aux endroits où les animaux n'en ont point, sur la lutte pour l'existence entre.... les *mots* et les *formes grammaticales* (3) qui, paraît-il, s'entre-dévorent avec acharnement, sur la question de savoir si le premier mammifère a été créé avec un nombril (4), question capitale qu'il y a malheureusement peu de chance d'élucider.

A Dieu ne plaise que j'ose, moi profane, m'attaquer au dogme de l'évolution et aux lois que les savants modernes ont imposées à la nature, ni relever toutes les absurdités de raisonnement que contient l'œuvre du naturaliste anglais. Ohimè! comme disaient jadis Dupuis et Cotonet, quelles charretées de pavés on me verserait sur la tête! C'est tout au plus si je me crois permis de douter, dans mon for intérieur, d'une doctrine dont le grand Darvin a dit qu'il est difficile d'admettre que, si elle était fausse, elle pourrait expliquer *comme elle le fait* les diverses grandes séries de faits qu'il a étudiés (5); d'une doctrine qui doit

1 *Descend. de l'Homme*, p. 58.
(2) Darwin, *Descend. de l'Homme*, p. 57, 656 et suiv.
(3   *Id.*   *Id.*   p. 96.
(4) Darwin. *Orig. des espèces*, p. 499.
(5   *Id.*   *Id.*   p. 496.

être bien irréfutable puisqu'elle a rallié la majorité des savants, même et surtout ceux qui se piquent de positivisme et qui prétendent ne croire à rien de ce qui n'est pas démontré.

Laissant donc de côté tout ce qui, dans l'œuvre de Darwin, n'est pas de ma compétence, je me propose de discuter ici un point, un seul — le plus important de tous à la vérité en ce qui concerne l'origine de l'Homme, ainsi que Darwin lui-même l'a reconnu lorsqu'il a dit :

« *Si aucun être organisé, l'homme excepté, n'a-* » *vait possédé quelques facultés de l'ordre intellec-* » *tuel, ou que ces facultés eussent été chez ce der-* » *nier d'une nature toute différente de ce qu'elles* » *sont chez les animaux inférieurs,* JAMAIS NOUS » N'AURIONS PU NOUS CONVAINCRE *que nos hautes* » *facultés sont la résultante d'un développement* » *graduel. Mais on peut facilement démontrer* » *qu'il n'existe aucune différence fondamentale* » *de ce genre* (1). »

J'espère démontrer précisément que l'animal ne possède rien de ce qui constitue les facultés intellectuelles, ni même rien d'analogue, et que Darwin s'est complètement trompé dans tout ce qu'il a dit à ce sujet, notamment dans son ou-

____

(1) Darwin, la *Descendance de l'Homme,* trad. par Edm. Barbier, 3e édition française, Reinwald, éditeur, p. 67.

vrage sur l'*Expression des émotions chez l'homme et les animaux* où, d'un bout à l'autre, il confond naïvement les contractions nerveuses provoquées par des sensations purement physiques avec l'expression de sentiments métaphysiques.

II

MOUVEMENTS RÉFLEXES ET ACTES VOLONTAIRES

La plupart des philosophes qui ont voulu
montrer combien l'homme diffère des animaux
ont reconnu chez ceux-ci des instincts et une
detite dose d'intelligence qui leur permettrait de
discerner, de comparer, de faire des raisonnements très simples ; mais, disent-ils, ils ne sont
pas capables d'abstraire.

D'où il résulterait, ainsi que le font remarquer
avec raison les partisans de la doctrine adverse,
qu'il n'y a pas une ligne de démarcation absolue
entre l'homme et les animaux, ceux-ci possédant
à l'état rudimentaire des facultés semblables à
celles de l'homme, facultés qui, si elles existaient

réellement, devraient en effet, ainsi qu'ils le prétendent, pouvoir être cultivées, développées, per-
fectionnées : il n'y aurait donc, entre l'intelligence
de l'homme et celle des animaux, qu'une différence de degré, non de nature.

Je vais essayer de poser la question d'une manière plus nette :

IL EST CERTAIN que les organes de l'animal
sont affectés souvent par des sensations variées
qui déterminent des mouvements réflexes, c'est-
à-dire automatiques, où la volonté ne participe
point.

IL EST CERTAIN aussi que les organes de l'Homme
fonctionnent souvent de la même manière et que
certaines sensations déterminent chez nous des
actes purement mécaniques, tels que le cri, le
rire, les larmes, le bâillement, les mouvements
qu'on fait involontairement pour éviter une
chute ou parer un coup, les contractions muscu-
laires, etc.

Sur ce premier point il n'y a donc pas de différence entre l'Homme et les animaux. Et s'il était
possible de démontrer que les actes considérés
chez l'Homme comme volontaires sont déterminés de même par une infinité de sensations qui,
peu à peu, se seraient modifiées, coordonnées,
les matérialistes auraient beau jeu.

Mais, quel que soit le nom qu'on donne à la chose, IL EST INCONTESTABLE que chez l'Homme le *moi*, la conscience intervient fréquemment, qu'il comprend ce qu'il fait, compare, apprécie, se détermine volontairement à agir d'une manière ou d'une autre, discute — bien ou mal — avec lui-même et avec ses semblables ; qu'il peut réprimer, par un effort de sa volonté, les mouvements mécaniques qu'allaient déterminer certaines sensations, ne pas fuir un danger qui le menace, ne pas manger quand il a faim, ne pas prendre un objet dont il a envie, se rappeler volontairement une chose passée, etc.

Partant de ce principe que scientifiquement on ne doit rien accepter pour vrai qui ne soit démontré être tel, je dis que si *tous* les actes des animaux peuvent être attribués, comme les mouvements réflexes, à l'action déterminante de sensations physiques, on n'a pas le droit de prétendre que la volonté ni la raison interviennent, puisqu'elles ne se manifestent pas.

Toute la question se résume donc ainsi :

L'animal exécute-t-il des actes qui ne soient pas déterminés par les seules sensations physiques, qui ne puissent s'expliquer sans le concours de la volonté ?

A entendre Darwin ce ne sont pas les exemples

qui manqueraient. Ses livres en sont remplis et l'on en grossit bien inutilement le nombre tous les jours. Mais de quelle nature sont les faits?

Dans le seul numéro de la *Revue scientifique*, du 5 décembre dernier, on en trouve une série :

J'ai un perroquet assez doux de caractère. 5.

H. DE LACAZE-DUTHIERS
(de l'Institut).

Je voudrais vous faire connaître un fait qui ne m'est pas personnel, mais qui m'a été raconté...

J'avais. étant collégien, élevé une chatte.. Un jour j'étais dans ma salle à manger...

Dr GUILLAUME.

J'avais jadis en aquarium cinq tritons. Un jour...

A une ferme, près de Turin, il y avait jadis sept canards...

Prof. J. PIOLTI.

Plus heureux que M. J. Delbœuf j'ai possédé une chienne d'arrêt qui semblait avoir acquis d'elle-même dans une mesure rudimentaire, je le veux bien. mais cependant positive, la notion abstraite du nombre.....

Dr DEBUC.

J'ai quitté Lille fin février et j'y ai laissé un caniche...

PAJOT.

Ce sont là, comme on voit, des faits de pure observation et le Dr A. Netter a eu raison de dire que de tels faits ne peuvent être discutés, « attendu » qu'un détail peut avoir échappé et que ce dé- » tail qui vous aura échappé hier attirera peut- » être demain votre attention. »

Les faits qui méritent tout d'abord d'être examinés, sont :

1° Les faits *expérimentaux*, c'est-à-dire ceux que nous pouvons produire et renouveler à volonté, tels que les faits de dressage;

2° Ceux que j'appellerai d'*observation constante*, c'est-à-dire ceux qui sont habituels aux individus de chaque espèce, qui constituent ses mœurs et que nous voyons se renouveler tous les jours.

Lorsque ces deux catégories de faits auront été discutées et qu'on se sera mis d'accord sur la manière dont ils se produisent, il sera temps de songer à examiner les faits d'*observation accidentelle*, ceux accomplis par le chat de M. X., le perroquet de Mlle Y., et autres animaux doués de facultés exceptionnelles.

Je prendrai mes exemples parmi ceux que
nous offrent les chevaux et les chiens, animaux
que j'ai particulièrement étudiés et qui sont auss
les mieux connus de la majorité des lecteurs.
Les naturalistes pourront nous faire savoir si les
choses se passent autrement dans d'autres espèces.

III

FAITS EXPÉRIMENTAUX DE DRESSAGE

———

§ I

LES CHEVAUX

Malgré l'opinion partout accréditée que les chevaux sont doués d'une certaine intelligence, tous les maîtres ont vu et enseigné que leur dressage se fait par les sensations, et il est impossible en effet de rien obtenir autrement; mais tous disent aussi que par l'intermédiaire des sens on agit sur le moral du cheval, qu'on l'instruit ainsi à comprendre et à exécuter volontairement les indications données par le cavalier. — ce qui a fait dire au savant M. Bouley que « le cheval » n'est vraiment dressé que lorsqu'il est *consen-* » *tant.* »

Le lieutenant-colonel Gerhardt. en abordant la question de l'instinct et de l'intelligence du cheval, a essayé le premier de réagir contre ces erreurs.

Dans *La Vérité sur la méthode Baucher*, il s'exprime ainsi :

« Lorsque M. Baucher nous dit aujourd'hui :
« **J'ai toujours cru à l'intelligence du cheval,** »
» je lui répondrai que cela est possible, mais que
» les moyens qu'il a enseignés pendant trente
» ans démontrent jusqu'à l'évidence qu'il a fait
» constamment bon marché de cette intelligence,
» et lorsqu'il ajoute : « C'est sur cette opinion
» que j'ai basé ma méthode, » je suis forcé de
» m'inscrire en faux contre cette assertion et de
» lui prouver en deux mots que c'est là une
» illusion de sa part. En effet, j'ouvre son livre
» à la page 318 et j'y lis : Que lui demande-t-on?
» (au cheval) des mouvements. La manière de
» l'y amener consiste à disposer ses forces de
» façon qu'il ne puisse faire que le mouvement
» qu'on exige. La position est le langage qui

» parle au cheval, le seul qui soit intelligible
» pour lui. » L'on voit par cet exemple pris
» entre mille que non seulement la méthode de
» M. Baucher n'est pas basée sur l'intelligence
» du cheval, mais qu'elle n'en tient même aucun
» compte et que l'auteur la suppose de plus très
» limitée, ce qui est aussi mon avis; car si l'on
» disposait les forces d'un animal occupant un
» degré quelconque sur l'échelle intellectuelle,
» par exemple un lapin ou une oie, qui ne sont
» généralement pas considérés comme doués
» d'une intelligence supérieure, si on les dispo-
» sait, dis-je, de manière qu'ils ne pussent faire
» que le mouvement exigé, bien certainement
» qu'ils n'en exécuteraient point d'autres. »

Ce que l'auteur dit ici de la méthode Baucher peut s'appliquer à *toutes les autres*. Cependant, le lieutenant-colonel Gerhardt semble avoir hésité à refuser au cheval toute intelligence, et il admet qu'elle joue dans le dressage « le rôle d'un auxi- liaire *utile* mais jamais indispensable. »

Or, c'est précisément là, Messieurs les savants, le point qu'il s'agit d'élucider.

Étant donné un poulain à l'état de nature, si on le touche avec la cravache plus ou moins fort, selon sa sensibilité, il fera un mouvement quel- conque, soit qu'il se porte brusquement en avant, en arrière ou de côté, soit qu'il se cabre, lance une ruade, etc., selon qu'il est libre ou attaché et qu'on le touche à telle ou telle partie du corps.

Ce mouvement est-il un mouvement réflexe ou implique-t-il le concours de la volonté?

Si l'on crie : *hue !* à un cheval et qu'immédiatement après on lui donne un coup de fouet qui le chasse en avant et si, après que cela aura été répété plusieurs fois, l'animal se porte en avant dès qu'il entend le son *hue !* qui est resté associé avec la sensation du coup de fouet, y a-t-il simplement renouvellement organique d'une sensation par une autre sensation, ou bien l'acte ne peut-il s'expliquer sans que l'animal ait fait un raisonnement?

Si l'on admet que les deux actes dont je viens de parler sont inconscients, je dis que tous les mouvements les plus compliqués qu'on obtient par le dressage sont absolument de même nature, et je défie qu'on m'en cite un seul qui ne puisse s'interpréter de la même manière.

Je tiens un cheval au moyen d'un bridon; je le touche sur le flanc gauche avec la cravache et en même temps je l'empêche d'avancer : il se jette à droite; je le touche à droite : il se jette à gauche.

Je me mets en selle, je serre les talons ou je

touche des éperons et en même temps je rends un peu la main de manière à ne pas gêner l'ani mal dans son mouvement en avant tout en le maintenant assez pour qu'il ne puisse tourner ni à droite ni à gauche : il part droit devant lui.

Je tends les rênes de manière que le mors exerce une pression sur la bouche : il s'arrête : je continue de tirer : il recule.

Je le place un peu de travers et je le touche de l'éperon : il part au galop parce que, placé comme il l'est, il est gêné pour partir au trot, tandis que le départ au galop lui est facile.

Je continue de le stimuler au moyen des jambes ou de l'éperon de manière qu'il ne puisse se ralentir et en même temps je tire sur la rêne droite : gêné pour continuer d'aller en ligne directe, il tourne à droite ; je tire à gauche : il tourne à gauche.

Voilà succinctement un aperçu des moyens employés par le cavalier ; je ne puis faire ici un cours d'équitation, mais tout le reste s'obtient de la même manière ; les animaux contractant très vite des habitudes — ce qui s'explique selon moi par cette raison qu'aucun travail intellectuel ne vient déranger les impressions reçues — un habile écuyer obtient de plus en plus de perfection dans l'exécution des mouvements, et arrive à

diminuer progressivement les sensations jusqu'à
ce qu'elles deviennent presque invisibles à l'œil
du spectateur, mais on ne peut jamais les sup-
primer complètement.

Pour obtenir la *mise en main*, beaucoup de
cavaliers commencent par faire des flexions à
pied.

Un écuyer de talent, M. Aug. Raux, dit à ce
sujet :

« Voici un cheval qui *porte au vent* (qui tient
» la tête en l'air). Il s'agit de placer la tête de
» l'animal dans une position normale. Par quel-
» ques flexions faites à pied d'abord, je fais
» promptement comprendre à l'animal qu'il doit
» céder à l'action du mors s'il ne veut éprouver
» une sensation désagréable. J'agis ici sur le
» physique et sur le moral du cheval. Je réitère
» mes flexions à cheval, en place d'abord, en
» marche ensuite, et en quelques leçons j'obtiens
» ainsi le résultat désiré. Avec mes flexions je
» converse en ami avec mon cheval, je lui er-
» seigne ce qu'il doit faire, je porte la lumière
» dans son petit cerveau ; si pendant notre con-
» versation j'examine son œil, je reste plus con-
» vaincu que jamais que l'animal est intelligent,
» qu'il me prête son attention et cherche à me
» comprendre, car cet œil est pour moi une

» fenêtre ouverte, par laquelle je vois le travail
» qui se fait dans sa tête. »

Evidemment, la vision, chez tout animal, étant une fonction qui s'exerce au moyen de nerfs, selon les impressions reçues, l'œil peut indiquer, par la façon dont il se meut, la nature de ces impressions, mais rien de plus.

Le cap. Raabe lui-même a écrit sur le même sujet :

« Les flexions de mâchoires ont pour but d'o-
» bliger le cheval à se décontracter et de le pré-
» parer à plier volontairement son encolure dans
» toutes les directions ; à l'aide du mors de bride,
» le cavalier inflige la douleur au cheval jusqu'à
» ce qu'il cède, jusqu'à ce qu'il obéisse ; cesser
» d'infliger la douleur, c'est dire à l'animal : Tu
» as fait ce que je te demande. Il faut donc que
» le cavalier amène le cheval à comprendre pour-
» quoi il lui fait mal, pourquoi il cesse de lui
» faire mal. »

Est-il bien nécessaire d'amener le cheval à comprendre le *pourquoi* des choses ? Les effets du mors s'expliquent plus simplement, je crois, par les seules sensations, si simplement que c'est le docteur Netter, absolument étranger aux choses équestres, qui a répondu à M. Raux de la manière remarquable qu'on va voir :

« Si je ne me trompe, dit-il, l'explication est la
» suivante : Dans quelles allures le cheval porte-
» t-il au vent? C'est dans les allures les plus vi-
» ves. Peut-on dans ces mouvements régler l'ac-
» tion d'une très petite partie des muscles à la
» seule région du cou, alors que tous les autres
» muscles du corps sont dans l'agitation la plus
» violente? Evidemment, ce me semble, c'est
» dans le repos (1) de l'animal qu'on doit d'abord
» obtenir qu'il baisse la tête sous l'action du mors
» de haut en bas. Que fait M. Raux? Se tenant
» à pied auprès du cheval, il lui imprime des
» sensations d'abord désagréables dans le des-
» sein d'habituer l'animal à fléchir la tête, mais
» d'une quantité approximativement toujours
» la même. Ces flexions régulières étant ainsi
» répétées coup sur coup, il arrive bientôt que
» la tête fuyant la douleur fera le même mouve-
» ment à la première sollicitation. M. Raux ca-
» resse l'animal et, se mettant en selle, il con-
» tinue à cheval ce qu'il faisait à pied, au repos
» d'abord et ensuite en marche, de manière qu'ar-

(1) Telle est en effet la manière de voir de presque tous les
écuyers. Pour ma part, je fais toujours les premières flexions
en marchant lentement au pas, pensant que les muscles peuvent moins se contracter que pendant l'immobilité, et qu'on
évite ainsi plus sûrement d'acculer le cheval.

» rivant aux allures vives il trouve l'habitude
» prise, soit aussitôt, soit le lendemain. M. Raux
» s'est figuré que ses pressions avec le mors
» constituaient des signes au moyen desquels il
» se faisait comprendre de l'animal ; c'est là une
» hypothèse tout à fait gratuite, les choses s'ex-
» pliquant par le seul mécanisme des sensa-
» tions. »

Gaspard de Saunier, après avoir fait un vif
éloge de l'*entendement* du cheval, dit : « Lorsque
» le cheval commence à s'accoutumer à se tenir
» tranquille entre les deux piliers, sans vou-
» loir se défendre, en se rangeant de la droite à
» la gauche et de la gauche à la droite tranquil-
» lement, il faut que deux personnes l'assistent
» à propos au commandement de l'écuyer qui
» est derrière le cheval, la chambrière à la main,
» pour le faire ranger de çà et de là et le faire
» avancer dans les cordes du caveçon en levant
» la chambrière haute pour faire semblant de le
» frapper sur les reins afin de l'obliger à porter
» ses jarrets sous lui, de manière qu'il se dispose
» à lever son devant. Les deux personnes qui
» sont alors placées aux côtés de chaque pilier
» touchent délicatement de leur gaule sur le
» bas du poitrail du cheval et sitôt qu'il lèvera
» tant soit peu le devant, ils doivent être prêts

» le flatter pour lui faire connaître ce que l'on
» demande de lui. »

Que pensent MM. les savants de ce cheval
attaché entre deux piliers et des moyens qu'on
emploie pour lui faire comprendre ce qu'on demande de lui? Je vois pour ma part que le mouvement déterminé par la sensation venant du
fouet ou des gaules restera associé à la sensation
agréable de la caresse et s'exécutera d'autant
mieux une autre fois qu'il y aura déjà commencement d'habitude. Mais je ne vois pas la preuve
que le cheval ait rien compris.

Les chevaux « savants » qu'on montre dans les
cirques semblent au public comprendre les ordres
du maître. Or, voici comment on les dresse : on
leur met d'abord un caveçon (sorte de licol muni
d'une lame de fer passant sur le nez); sur la partie
ferrée se trouve un anneau auquel on boucle une
longe que le dresseur tient en lui laissant assez
de longueur pour que le cheval puisse aller jusqu'à la rampe circulaire, et, tenant le fouet
de la main droite, il chasse l'animal qui, poussé
d'un côté par le fouet, contenu de l'autre par la
longe et par la balustrade, suit la piste, c'est-à-
dire fait le tour du manège. On dit *au galop!* en
levant en même temps le fouet, et l'animal, ainsi
excité, part au galop; on dit sur un autre ton :

holà! et en même temps on donne avec le caveçon de petites saccades qui lui font mal au nez et l'obligent à s'arrêter; on tire à soi la longe en faisant un geste de la main droite, et l'animal vient. Pendant qu'il marche de nouveau sur la piste, on l'attire avec la longe en dedans du cercle et, passant le fouet à gauche, on le chasse dans la direction opposée en disant : *changez!* Au bout de quelque temps, ces mouvements s'exécutent de plus en plus facilement, et bientôt les gestes seuls suffisent.

« J'ai fait bien souvent cette expérience, dit
» Aubert, avec des chevaux que j'exerçais à
» la longe : aussitôt que je suis arrivé à ce que
» le cheval trace le cercle très juste d'un train
» égal sans tirer sur la longe (ce que j'obtiens en
» quatre ou cinq fois avec les plus bruts), je
» m'approche doucement de lui, et après l'avoir
» arrêté sur place et mis en confiance par les
» caresses, j'ôte la longe en lui laissant le cave-
» çon sur la tête, puis je me replace au centre
» du cercle tenant ma chambrière de la même
» manière et étendant l'autre bras en faisant
» semblant de tenir encore la longe, et le cheval
» continue de lui-même à trotter en mesure sur
» un cercle parfait, croyant toujours être tenu
» par la longe; il va ainsi indéfiniment tant que

» les objets qui l'environnent ne changent pas
» de place ou qu'un bruit soudain ne frappe pas
» son oreille ; mais si les personnes qui sont dans
» le manège changent de position, si on ouvre
» une porte, s'il y a surprise sur le sens de l'ouïe
» ou de la vue, adieu l'illusion, il quitte le cercle
» pour courir à toutes jambes, bondir ou s'ar-
» rêter. »

Or, dans le cirque, le cheval est toujours main-
tenu par la rampe qui l'empêche de sortir du
cercle ; et à l'Hippodrome, où le manège est
beaucoup plus vaste, on a soin de placer une
rampe formant un petit manège circulaire pour
contenir le cheval. Si cette rampe n'était pas là,
il subirait toutes les sensations extérieures et
échapperait à son dresseur.

Pour faire exécuter des *pirouettes renversées* (1)
avec les membres antérieurs croisés l'un sur
l'autre, on attache d'abord ces deux membres
avec une courroie, de sorte qu'ils sont obligés de
se croiser quand le cheval pirouette. Peu à peu
l'habitude se prend, et l'animal ne songe pas plus
à l'absence de cette courroie, quand on l'enlève,

____

(1) La pirouette renversée est un mouvement dans lequel les
membres postérieurs tournent autour des membres antérieurs
comme autour d'un pivot.

qu'il ne songe à l'absence de la longe dans l'exemple cité par Aubert.

Pour faire agenouiller un cheval, on le frappe sur les genoux ou sur les canons — partie très sensible du membre — ou, au besoin, on lui attache un pied, comme on verra plus loin; lorsqu'il tombe à genoux, on le maintient en le caressant; on recommence plusieurs fois, et bientôt, l'habitude étant prise, il suffit de toucher à peine avec la cravache, ou même seulement de faire le geste.

Pour faire chercher et rapporter un mouchoir, le cheval n'étant pas, comme le chien, naturellement porté à courir après les objets qu'on jette, on met un morceau de sucre dans un mouchoir qu'on laisse mâcher, on retire le mouchoir de la bouche et on le pose à terre; le cheval le prend; on le lui retire de nouveau et on le jette un peu plus loin; quand l'habitude est prise, le morceau de sucre n'étant plus là, l'animal n'en va pas moins chercher le mouchoir.

Pour faire exécuter le *pas espagnol* (1), on donne de petits coups de cravache sur le membre antérieur gauche jusqu'à ce qu'il se lève; peu à

_____

(1) Le pas espagnol est cette allure artificielle et cadencée dans laquelle le cheval lève les membres très haut et lentement.

peu il se lève plus haut en s'étendant en avant;
on répète la même chose pour le membre droit,
et cela jusqu'à ce que le membre se lève conve-
nablement dès qu'on le touche avec la cravache;
alors, en même temps qu'on touche avec la cravache, on fait sentir de légères vibrations de la
rêne du même côté pendant le lever du membre;
au bout de plus ou moins longtemps, cette seule
action de la rêne suffit sans le concours de la
cravache; cela obtenu, en même temps que la
rêne droite fait lever le membre antérieur droit,
on touche le flanc avec un éperon tenu dans la
main, *et vice versâ*, et bientôt le seul toucher de
l'éperon suffit. Alors, une fois en selle, les jambes
et les mains agissant avec adresse obtiennent le
même résultat.

Pour tous ces exercices qu'il n'est pas dans la
nature de l'animal d'exécuter, il faut de la patience
et du savoir-faire avant d'obtenir une première
fois ce qu'on veut, mais dès que la chose a été
faite une fois, elle s'obtient facilement ensuite
parce que l'habitude est prise.

Dans une brochure intitulée *Le Dressage des
Chevaux*, M. Honoré Pinel préconise la méthode
du célèbre Rarey:

« Ce n'est pas en exerçant sur l'animal des
» traitements cruels et barbares que M. Rarey

» arrivait à le soumettre, mais bien en *s'empa-*
» *rant de son moral et en lui prouvant* qu'il n'y
» avait aucun danger pour lui à obéir. »

Quels étaient donc les moyens employés par
Rarey?

« Prenez l'un des pieds de devant du cheval et
» ployez son genou de manière à relever entière-
» ment le pied renversé et à lui faire presque tou-
» cher le corps : passez un nœud coulant par
» dessus le genou, remontez-le jusqu'au paturon
» afin de maintenir le pied dans cette position et
» ficelez-le tout au moyen d'une seconde cour-
» roie serrée entre le sabot et le paturon pour
» empêcher que le nœud coulant ne glisse.

» Le cheval se trouvera alors sur trois jambes,
» vous pouvez le manier comme vous le voudrez,
» car il lui est impossible de ruer. Il y a dans
» cette opération de relever le pied quelque
» chose qui dompte le cheval mieux et plus vite
» que quelque autre chose qu'on puisse faire.

» Aucune méthode n'est égale à celle-ci pour
» corriger un cheval qui rue, et cela pour plu-
» sieurs raisons :

» La première c'est qu'il y a un principe qui
» régit la nature du cheval : en vous rendant
» maître de l'un de ses membres vous vous rendez
» en grande partie maître de l'animal tout entier.

» Peut-être avez-vous déjà vu mettre en pra-
» tique cette théorie : quelques individus cousent
» ensemble les deux oreilles pour empêcher le
» cheval de ruer.

» J'ai lu dans un journal que pour faire rester
» tranquille un cheval difficile à ferrer, il suffisait
» de lui attacher une oreille la pointe en bas. Ce
» journal ne donnait pas de raisons à l'appui du
» moyen qu'il proposait ; mais je l'ai essayé plu-
» sieurs fois et il m'a semblé réussir assez bien...

» Pour faire coucher un cheval, il faudra na-
» turellement *lui donner une idée aussi nette que
» possible* de ce que vous voulez qu'il fasse et
» le lui faire recommencer jusqu'à ce qu'il l'ap-
» prenne parfaitement.

» Pour *faire comprendre* à un cheval qu'on
» veut le faire coucher, ployez-lui la jambe anté-
» rieure montoir et attachez-la comme je l'ai
» expliqué. Mettez-lui alors un surfaix et atta-
» chez une longe au paturon de la jambe hors
» montoir ; faites en passer l'extrémité sous le
» surfaix de manière à la maintenir dans la posi-
» tion voulue, prenez le mors de la main gauche
» et attirez à vous la longe avec la main droite
» sans à-coup.

» En même temps, poussez le cheval sur l'é-
» paule jusqu'à ce qu'il bouge. Aussitôt qu'il se

» déplacera, la longe que vous tirez élèvera
» son pied droit et il tombera sur les genoux.
» Conservez la longe tendue pour qu'il ne puisse
» se remettre sur son pied s'il se relevait. Main-
» tenez-le dans cette position et tournez-lui la
» tête de votre côté ; en même temps exercez sur
» son flanc, avec votre épaule, une pression non
» pas violente mais continue. Au bout de dix
» minutes il se couchera. »

Je crois sans peine qu'il se couchera. Mais il
me semble qu'il aura compris qu'il doit se coucher, à peu près comme un poisson qu'on met
dans la poêle comprend qu'il doit frire.

Jusqu'ici, comme on voit, la volonté du cheval
n'intervient pas.

Mais il reste les cas où, au lieu de céder à
l'action des aides, il résiste et semble même bien
résolu à ne pas obéir.

Tous les auteurs disent que ces résistances
doivent, dans *presque tous* les cas, être attribuées
à une cause physique — mauvaise conformation,
souffrance, etc., — qui empêche l'animal d'exécuter certains exercices, ou à la maladresse du
cavalier qui en employant des moyens faux produit des mouvements autres que ceux qu'il voulait faire faire.

C'est seulement dans certains cas *non détermi-*

nés, où, disent-ils, il y a mauvaise volonté, qu'il faudrait corriger l'animal pour l'obliger à se soumettre.

Et de quelle manière doit-on corriger?

Tous les maîtres sont encore unanimes sur ce point :

« C'est dans le temps que la faute est com-
» mise qu'il faut employer les châtiments : au-
» trement ils seraient plus dangereux qu'utiles.

» LA GUÉRINIÈRE. »

« La correction qui vient après la défense
» manque d'à-propos : c'est pendant la défense
» qu'il fallait châtier.

» J. PELLIER. »

« Corrigez-le pendant la défense, il cèdera,
» mais il ne manquera pas d'entrer en lutte si la
» correction n'arrive qu'après la faute.

» VICTOR FRANCONI. »

Or, pourquoi la correction arrivant après la faute serait-elle plus dangereuse qu'utile, sinon parce que le cheval est incapable de comprendre qu'on le punit pour une faute commise? Et comment se fait-il que personne n'ait vu que frapper le cheval pendant une résistance, ce n'est pas, à proprement parler, le châtier, mais simplement, au moment où il est dominé par une sensation quelconque, externe ou interne, produire une autre sensation plus forte, dans le seul but de surmonter la première et de déterminer le mouvement voulu ?

On ne saurait contester que les objets que le cheval voit, les bruits qu'il entend, les odeurs même qui arrivent à ses narines sont autant de sensations susceptibles de déterminer une foule de mouvements réflexes, de sorte qu'au moment où le cavalier veut, par exemple, porter son cheval en avant, un objet quelconque peut impressionner un ou plusieurs sens de l'animal et déterminer un mouvement de côté ou en arrière ; une disposition ou une souffrance organique peut encore rendre impossible ou très pénible le mouvement que vous voulez obtenir. Voilà pourquoi je pense que si la cause physique d'une résistance ne vous apparaît pas, il n'y a pas moins lieu de croire qu'elle existe *toujours*.

Je possède actuellement une jument irlandaise âgée de 11 ans, nommée Hope, qui a obtenu comme jument de selle un prix international au concours hippique de Paris, en 1883, et qui s'attelait très bien. Un jour, en descendant une côte, elle se mit à frapper d'un pied de derrière. Les jours suivants elle continua de même et finit par se donner une assez forte contusion à un tendon qui avait heurté le marchepied de la voiture. Je renonçai provisoirement à l'atteler, ne voulant pas risquer d'estropier une excellente bête, qui était restée parfaite à la selle. Or, ce changement subit dans la manière d'être de Hope s'est manifesté le lendemain même du jour où je l'avais fait saillir. Je suppose que j'aurais vendu quelques jours après la jument sans rien dire à l'acheteur : celui-ci, sachant qu'elle s'attelait fort bien auparavant, aurait, selon toute probabilité, attribué sa résistance à un caprice, puis à un parti-pris bien arrêté de n'être plus attelée ; s'il eût voulu insister, il n'aurait eu que des accidents, et aujourd'hui la bête serait sans doute dans un état pitoyable, comme il est arrivé à ma connaissance à plusieurs juments dans le même cas. Je ne cite ce fait que pour montrer qu'il est souvent fort difficile de découvrir les causes d'une résistance, et pour appeler l'attention sur certaines modifications dans l'état des organes que les vétérinaires eux-mêmes ne peuvent expliquer.

Toutes les fois qu'on connaît la cause qui empêche le cheval d'exécuter une chose qu'on veut qu'il fasse, il faut tout d'abord, en dressage, amoindrir le plus possible cette cause. Ainsi, lorsqu'on sait qu'il est effrayé à l'approche d'une voiture venant rapidement en sens contraire, il faut commencer par le faire passer loin de la voiture afin qu'il en soit moins impressionné, puis la lui faire *suivre* en s'en approchant de plus en plus, puis la lui faire dépasser, puis l'arrêter et laisser passer la voiture, et enfin le mener à sa rencontre à une allure très calme et en lui tournant un peu la tête de l'autre côté. Quand un cheval n'a jamais vu une barrière, si l'on veut l'amener au galop sur l'obstacle et le lui faire franchir, l'objet fait sur l'œil une impression qui, presque toujours, provoque l'arrêt instantané ou le dérobé, malgré les efforts du cavalier; pour le dresser à sauter, on pose la barre à terre; elle produit ainsi une sensation beaucoup moins vive; on mène le cheval au pas et on peut alors facilement, au moyen de l'action stimulante des jambes, le faire passer; on répète cela plusieurs fois et le cheval passe de plus en plus facilement; alors on lève la barrière de quelques centimètres et le cheval passe encore; puis, quand il est accoutumé à voir l'objet et est devenu plus adroit à sauter, on augmente graduellement la hauteur de l'obstacle, mais sans exagération, car il faut que l'action impulsive venant du cavalier puisse toujours être plus forte que l'impression reçue par les yeux de l'animal.

Si, au contraire, l'obstacle cause une impression telle que le cavalier ne puisse la dominer, il se produit un *dressage en sens inverse*, et il est d'autant plus difficile de faire passer le cheval une autre fois qu'il a déjà pris l'habitude de s'arrêter ou de se dérober.

Lorsqu'on dit d'un cheval qu'il ne *veut* se laisser conduire que par tel cavalier ou tel cocher, lorsqu'on croit voir chez lui le *parti-pris* de n'accepter aucune autre domination, le fait s'explique tout simplement par la différence des sensations que lui font éprouver ceux qui le conduisent. Habitué à certaines sensations, il ne cédera pas à d'autres, c'est certain; mais le jour où n'importe quel cavalier ou cocher emploiera les moyens auxquels il est habitué ou aura réussi à l'habituer à de nouveaux, l'animal y cédera sans la moindre difficulté.

Si nous considérons le cheval attelé, nous le voyons placé entre deux brancards qui le maintiennent dans la direction qu'il doit suivre tant que les guides ne l'obligent pas à en prendre une autre; il est de plus contenu par le mors qui ralentit son allure, l'arrête, le fait reculer. L'animal obéit donc toujours passivement aux sensations qu'il reçoit. Tous les hommes de cheval savent qu'il suffit du moindre accident arrivé au harnais ou à la voiture pour que les chevaux impressionnables s'emportent et se débattent même contre ceux qui veulent les secourir, même après que dans des circonstances semblables ils ont été sauvés par eux : ceux qui ont de la race et qui, par conséquent, devraient être plus intelligents que d'autres sont, au contraire, plus dangereux en pareil cas, parce qu'ils sont plus impressionnables.

Je suis donc fondé à dire que tout s'obtient en dressage à l'aide de sensations, soit isolées, soit associées entre elles, soit opposées les unes aux autres, sans que le cheval comprenne quoi que ce soit ; qu'on ne doit jamais avoir recours aux châtiments lorsqu'il y a résistance, mais seulement, selon les cas : ou bien, déterminer une sensation assez forte pour triompher de cette résistance — et dans ce cas, il ne faut pas frapper en proportion de la « faute commise », mais en proportion de la sensibilité du cheval, — ou bien renoncer à exiger de l'animal une chose qu'il ne peut pas faire.

Ces principes n'ayant jamais été enseignés, il n'est pas étonnant qu'il y ait toujours eu tant de chevaux rétifs (1).

____

(1) Il y aurait une foule d'expériences à faire, très intéressantes pour la science, avec les chevaux rétifs : suivre les phases de leur dressage, voir ce qu'ils deviennent une fois dressés, etc.

Voyons maintenant comment s'opère le dressage des chiens, animaux auxquels on attribue généralement beaucoup plus d'intelligence qu'aux chevaux.

§ II

LES CHIENS

Depuis la plus haute antiquité le chien vit continuellement à côté de l'homme; il est de la maison, il a place au foyer, à la table même; on le traite comme un membre de la famille; les enfants jouent avec lui, on le caresse, on le gronde aussi quelquefois et l'on est persuadé qu'il comprend la parole, les regards, les désirs de son maître, qu'il a conscience des fonctions qu'il remplit; on le dresse à toutes sortes d'exercices; il y a même des chiens « savants », oui, Messieurs, capables de jouer aux dominos avec n'importe quel académicien.

Sans doute alors il existe des moyens d'entrer en communication intellectuelle avec les chiens à l'aide d'un langage mimique dont ils comprennent la signification, comme nous faisons avec un étranger qui ne connaît pas notre langage ou même avec un sourd-muet?

Point.

Prenez un chien adulte, le plus intelligent que vous pourrez trouver, mais qui ne soit pas dressé à rapporter, montrez-lui un objet quelconque, dites-lui-en le nom dix fois, vingt fois de suite, de manière qu'il l'entende bien ; allez placer l'objet à quelques mètres en sa présence et dites-lui ensuite d'aller le chercher. Vous verrez quel résultat vous obtiendrez.

Prenez un autre chien plus intelligent encore, si c'est possible et laissez-le pendant quelques jours coucher sur votre lit, puis chassez-le de ce lit en le grondant et même en lui donnant quelques coups de cravache et en lui expliquant à l'aide des gestes les plus expressifs que vous lui défendez à l'avenir de prendre cette place. La première fois qu'il se disposera à y retourner, rappelez-le avec une grosse voix en levant le bras comme pour le frapper ; bientôt il suffira que vous prononciez son nom ou que vous fassiez un geste pour qu'il s'arrête au moment de sauter sur le lit, puis votre présence seule, votre vue le retiendra. Vous êtes convaincu alors qu'il vous a parfaitement compris; vous sortez pendant une heure en laissant votre chien dans votre chambre à coucher et quand vous rentrez, vous le retrouvez en flagrant délit ou vous constatez qu'il vient de quitter sa place encore chaude en vous entendant rentrer, ce qui prouve à mon humble avis que pendant votre absence aucune sensation ne l'empêchant d'aller à la place où il est bien, il y est allé tout droit, mais que votre approche a renouvelé la sensation et l'a fait déguerpir.

Le chien, comme le cheval, comme tous les animaux, cède fatalement, passivement, aux sensations qu'il subit. C'est par les sensations seules qu'on le dresse. La première fois qu'on veut lui faire faire une chose, il faut, sans essayer de lui faire rien comprendre, le placer dans des conditions telles qu'il ne puisse faire que cette chose et produire en même temps une sensation qui restera associée avec l'acte accompli, et qui bientôt suffira seule à déterminer ce même acte.

Les procédés employés pour dresser les chiens de chasse, tels que les indique M. Paul Caillard dans *Les chiens anglais de chasse et de tir*, ressemblent absolument à ceux qu'on emploie pour dresser les chevaux.

Chaque fois qu'on apporte aux tout jeunes chiens leur nourriture, on leur présente l'écuelle en sifflant, de sorte que la sensation reçue par l'oreille au bruit du sifflet restant associée avec la jouissance de l'estomac, tous arrivent en courant dès qu'ils entendent le coup de sifflet. Les voici donc habitués à obéir inconsciemment à l'appel du maître qui se fait suivre en leur distribuant quelques friandises.

En baissant la main jusqu'à terre graduellement, pour arriver tout à fait à terre et en disant : *tout beau !* on les force à ne prendre que lorsqu'ils sont complètement écrasés. Ils s'habituent promptement à la manœuvre et se couchent au mot : *tout beau !*

Alors, en même temps qu'on dit *tout beau,* on lève le bras droit perpendiculairement et bientôt le geste seul suffit, de sorte que plus tard, lorsque le chien sera au loin en pleine quête, il s'écrasera par terre lorsqu'il apercevra ce geste.

« Si vos occupations vous le permettent, dit
» M. P. Caillard, soyez vous-même le dresseur
» de vos chiens et ne doutez pas que le chien
» dont vous ferez l'éducation sera certainement
» meilleur, vous fera tirer plus de coups de
» fusil que celui que vous aurez confié à des
» mains étrangères... Le chien ne doit avoir
» qu'un maître, il ne doit avoir qu'un dresseur ;
» si les méthodes sont les mêmes, le ton de

» la voix, les manières, les gestes sont diffé-
» rents. »

C'est bien en effet par le ton de la voix, les
manières, les gestes qu'on détermine les sensations chez l'animal, sensations qui sont perçues
par les yeux et les oreilles. Voyons la suite du
dressage.

A l'heure où le jeune chien est accoutumé à
recevoir son repas, le dresseur qui a préalable-
ment placé une friandise dans un endroit assez
apparent, fait avec le bras un geste dans la direction où elle se trouve et accompagne son chien
en disant : *cherche!* L'animal attiré par l'odeur
ne tarde pas à trouver ; et le geste du bras
et le mot *cherche!* ayant toujours précédé la
sensation agréable de la friandise trouvée et
mangée, le chien s'habitue bientôt à suivre le
geste du maître, et à chercher dans cette direction la friandise que l'on peut maintenant cacher
un peu mieux.

On le dresse alors à rapporter ; voici comment :

On va avec lui placer à terre un gant ou toute
autre chose molle, puis on s'éloigne de quelques
pas et faisant un geste dans la direction de l'objet, on dit *cherche!* L'animal se met aussitôt en
quête, trouve l'objet et, les jeunes chiens « dont
les gencives subissent continuellement une cer-

taine irritation », éprouvant du plaisir à se servir de leurs dents et à tenir quelque chose dans la gueule, il revient en gambadant avec l'objet trouvé; on lui donne alors une friandise, de sorte que cette sensation agréable s'associant chaque fois avec l'acte de rapporter quelque chose, il prendra l'habitude de rapporter tout ce qu'on lui fera chercher et même tout ce qu'il rencontrera sur sa route. C'est ainsi que mon chien mastiff Brenn allait me chercher le journal tous les matins et dans la journée m'apportait indistinctement tous les objets laissés à sa portée. J'ai connu de même au café des Champs-Élysées un vieux terrier, nommé Turc, dont tout le monde admirait l'intelligence, parce qu'à chaque instant il allait prendre dans un coin un petit banc avec lequel il se promenait gravement dans la salle et qu'il venait ensuite poser devant un client, que celui-ci en eût ou non. Si un homme agissait ainsi on le considérerait avec raison comme un idiot.

« Lorsque ces premières leçons, continue
» M. P. Caillard, auront donné les résultats vou-
» lus, il faudra augmenter graduellement la dis-
» tance entre l'objet à chercher et le point de
» départ. Le chien arrive promptement en reve-
» nant *sur la piste que vous avez suivie* avec lui à

» retrouver le gant ou le mouchoir caché par
» vous, scrutant tous les endroits par lesquels
» vous serez passé, à une distance considérable. »

« Nous avons connu en Irlande un vieux
» garde-chef qui obtenait dans son dressage
» des *retrievers* des résultats excellents comme
» promptitude à rapporter. Les chiens revenaient
» au galop, qu'ils portassent un lièvre ou une
» bécassine. »

Evidemment tout le monde devait admirer le
consciencieux empressement avec lequel ces
chiens remplissaient leur devoir. Or, voyons la
suite :

« Son secret était fort simple à découvrir :
» il me l'a cédé pour une pipe représentant une
» tête de zouave, qui faisait son admiration. Il
» avait tout bonnement dans son carnier de
» petits morceaux de viande séchée qu'il ne
» manquait pas de donner lorsque le chien lui
» avait remis la pièce tuée ou blessée. »

Ce garde-chef était un honnête homme. Je
connais des dresseurs qui auraient pris la tête de
zouave et auraient ensuite fait croire qu'ils avaient
développé à l'aide de telle ou telle explication
l'intelligence remarquable de leur élève.

Les premières « leçons » ont été données à la
maison, les suivantes dehors pendant la prome-

nade. Vous voici maintenant dans les champs, le fouet sous le bras et le sifflet pendu au cou.

« Vous êtes seul, personne ne doit distraire
» votre élève. Vous avez attaché à son cou une
» légère corde de six à huit mètres. L'une de vos
» poches contient un petit sac garni de quelques
» friandises. Arrivé sur le terrain, après avoir
» fait coucher le chien, vous jetez au loin un
» petit morceau de pain ou de viande en faisant
» signe du bras d'avancer. Il se précipite, vous
» le laissez faire et manger gaîment ce que vous
» lui avez jeté. Puis, quelques instants après,
» vous jetez encore un morceau de choix, mais
» au moment où il va l'atteindre, vous dites
» doucement : *tout beau!* en marchant sur la
» corde attachée au collier ou en la prenant à la
» main. En même temps, n'oubliez pas de lever
» le bras droit perpendiculairement, tenez-le
» dans cette pose deux ou trois minutes, et lais-
» sez prendre l'appât en disant à voix basse :
» *prenez!* »

Constatons ici la grande ressemblance entre le dressage du chien de chasse et celui du cheval à la longe. Nous avons déjà vu comment, au moyen du caveçon, de la longe et de la chambrière, le cheval est peu à peu habitué à obéir aux gestes de son maître pour tourner à droite et à gauche,

partir au galop, s'arrêter, etc. C'est par les
mêmes procédés, à l'aide du collier, de la corde
de retenue et de morceaux de viande ou autres
friandises placées en guise d'appât, qu'on accoutume le chien à obéir aux gestes du maître et à
exécuter toutes les « savantes » manœuvres de la
quête. L'animal est ici placé entre deux sensations : l'une agréable, le morceau de viande,
l'attire ; l'autre désagréable, la corde, le retient,
et cette seconde sensation étant la plus forte, le
chien dominé par elle ne cède pas à l'autre. C'est
ainsi que plus tard, quand la corde sera suppri-
mée, le geste seul du maître renouvellera la
sensation, et le chien restera immobile.

Pour le dresser à prendre la piste, on traîne
dans l'herbe un morceau de viande qu'on laisse
à quelque distance : le geste du bras dirige le
chien qui naturellement trouve bientôt les émanations, puis le morceau de viande.

» Lorsque vous aurez fait usage quelquefois
» de la corde de retenue, vous trouverez votre
» chien accompli : au simple commandement
» de *tout beau!* il s'arrêtera subitement de lui-
» même et ne prendra ce que vous aurez jeté
» qu'au second commandement de : *prends*. Plus
» tard il s'arrêtera lorsque vous lèverez simple-
» ment le bras droit perpendiculairement et ne

» prendra que lorsque vous le baisserez en fai-
» sant signe d'aller en avant. La gradation est
» facile à établir. La première leçon de la corde
» de retenue se donne avec accompagnement des
» mots de *tout beau* et *prends,* des gestes, le bras
» perpendiculaire et le même bras abaissé et jeté
» en avant. La seconde leçon se donne simple-
» ment avec indications par gestes. Si le chien
» fait une faute, secouez la corde et ramenez-le
» au point d'où il est parti jusqu'à parfaite obéis-
» sance, et d'où il ne doit partir que sur votre
» ordre.

» Lorsque vous lui avez commandé de s'ar-
» rêter au geste du bras levé perpendiculaire-
» ment, il faut peu à peu l'habituer à rester en
» place, que vous soyez ou non éloigné de lui,
» puis vous éloigner de cent mètres, enfin l'obli-
» ger à ce qu'il conserve cette posture jusqu'à ce
» que vous lui fassiez le geste *en avant...*

» Quel sera le résultat de cette leçon ? Lorsque
» plus tard, en chasse, vous voulez faire un dé-
» tour et placer le gibier entre vous et le chien
» en arrêt, vous lèverez le bras perpendiculaire-
» ment et le chien vous attendra tout autant que
» vous voudrez. Lorsque vous lui ferez signe
» d'aller en avant, il exécutera la manœuvre, de
» sorte que, placée entre vous et le chien, la pièce

» vous partira le plus souvent à très bonne
» portée. »

Voilà l'habileté et l'intelligence des bons
chiens de chasse expliquées à l'aide de procédés
mécaniques fort simples, n'est-il pas vrai? Et la
gradation du dressage nous a été détaillée par
M. P. Caillard de manière qu'il ne puisse y avoir
aucune méprise.

Lorsque pendant la chasse le chien semble
vouloir désobéir et agir pour son compte il est
probable qu'il est dominé soit par une odeur de
gibier ou même de bête fauve, soit par tout autre
sensation. Son maître peut au même moment,
par le son de sa voix ou le claquement du fouet,
produire une sensation nouvelle assez forte pour
détruire l'autre, mais les prétendus résultats ob-
tenus par les remontrances ne sont prouvés par
aucun fait expérimental et n'existent que dans
l'imagination des chasseurs, laquelle, comme on
sait, est généralement très fertile. Il est certain que
si, au lieu de chercher simplement à substituer
une sensation à une autre, on veut employer les
corrections, l'effet produit sera tout opposé à celui
qu'on se propose, parce que la correction ne peut
arriver que trop tard. C'est pourquoi beaucoup
de chasseurs, lorsque par exemple leur chien
quitte l'arrêt, n'hésitent pas à lui envoyer une

charge de petit plomb ou de sel afin de déterminer immédiatement une sensation assez forte
pour dominer l'animal. Ce qui vaut mieux en
pareil cas, c'est de revenir pour quelque temps à
l'emploi de la corde de retenue.

On sait que beaucoup de chiens ont la manie
de sauter en aboyant à la tête des chevaux lorsqu'on les emmène en promenade. Il en résulte
souvent de graves accidents. Pendant longtemps
je me suis évertué à trouver un moyen de corriger ce défaut, mais sans réussir ; si je prenais un
fouet pour en cingler le chien sans descendre de
cheval, le chien se tenait à distance et continuait
à aboyer de plus belle, et tout ce que j'obtenais,
c'était d'effrayer mon cheval. Si je descendais,
rappelais mon chien et le corrigeais il se couchait
à mes pieds pendant que je le frappais, puis dès que
je remettais le pied à l'étrier il recommençait, ce
qui montre bien qu'il n'avait rien compris. Je
finis enfin par trouver un moyen que voici : Avant
de sortir et sans que mon chien Jack eût rien fait
de mal, e e fis coucher et lui donnai quelques
coups de cravache en prononçant chaque fois son
nom : Jack ! pan ! Jack ! pan ! Après quelques
séances de ce genre, le son Jack était resté si
bien associé avec la sensation du coup de cravache, qu'une fois à cheval, il m'a suffi de dire

Jack ! en levant le bras pour que le chien allât se placer, la queue basse, derrière les talons du cheval.

Les chiens de chasse très énergiques, qui deviennent les meilleurs entre les mains d'un bon dresseur, doivent être constamment surveillés, de même que les chevaux énergiques doivent être constamment *dans la main et les jambes du cavalier*. Chaque fois qu'ils montrent trop d'ardeur il faut les arrêter, les faire revenir derrière vous, les faire coucher, afin de modérer leur impétuosité.

« Si bien dressé que soit un chien, le jeune
» sportsman qui ne sait comment s'en servir et
» ne sait comment l'obliger à l'obéissance, le
» verra bientôt prendre des habitudes vicieuses
» qui, si elles ne sont immédiatement réprimées,
» le gâteraient bientôt complètement. Un bon
» chien, bien dressé, qui a été accoutumé à chas-
» ser pour un bon tireur, ne travaillera jamais
» avec plaisir pour un maladroit. Dans ces cir-
» constances, on a souvent vu un chien abandon-
» ner la chasse. »

Ces lignes ne montrent-elles pas que le chien est l'instrument des sensations qu'on lui communique et n'a pas conscience de ses actes, puisqu'il suffit que les sensations soient mal communiquées pour qu'il ne fasse plus rien de bon ? Que devient donc ici ce dévouement si vanté, cette abnégation qui, au dire de M. Louis Figuier et de tant d'autres, le pousse « à s'oublier lui-même » pour aider son bienfaiteur dans l'adversité », et cette « merveilleuse pénétration qui lui permet » de démêler les sentiments intimes sous des » gestes et des paroles contradictoires » ?

La vérité est que le chien, non plus que tout autre animal, malgré la facilité avec laquelle il contracte des habitudes, n'apprendra jamais à faire une chose par idée de devoir ; il faut toujours qu'une sensation quelconque, ou le renouvellement organique d'une sensation passée, lui fasse exécuter cette chose. Et c'est pour cela que tant de chiens ou d'autres animaux, d'abord dressés et devenus dociles, perdent ensuite leurs bonnes habitudes et en contractent de mauvaises, si, au lieu de les diriger toujours par les sensations, on compte sur le sentiment qu'ils ont de ce qu'ils doivent faire.

L'idée que l'animal a conscience de ses actes conduit souvent l'homme à le traiter avec une cruauté révoltante. Il y a quelques années, le *Figaro* racontait qu'un jeune garçon conduisant une voiture remplie de marchandises, fut assailli sur la route par des voleurs. Il appela à son se=

cours son chien, un solide bull-dog, mais celui-ci
ne le défendit pas. Aussi, lorsque l'enfant rentra
dévalisé à la maison, il alla décrocher un fusil et
tua le « lâche » bull-dog. Le rédacteur qui publia
ce récit ajouta même quelques lignes d'éloges
pour le caractère énergique du petit bonhomme.
Energique, soit : mais si l'enfant eût su que les
chiens sont incapables de remplir sciemment des
fonctions quelconques, il eût commencé par
dresser ou faire dresser son bull-dog, avant
de compter sur lui comme défenseur; car les
chiens de garde ou de défense doivent être
dressés, comme le dit M. P. Caillard, « à se pré-
» cipiter sur des mannequins habillés de gue-
» nilles au moindre signal de leur maître » ;
oui, sur d'inoffensifs mannequins, contre lesquels ils entrent en fureur et qu'on leur fait
même rapporter.

Il ne me reste plus qu'à parler du dressage
des chiens « savants ».

M. P. Caillard dit, à propos des chiens de
chasse :

« Il est rarement nécessaire d'adresser la pa-
» role à un chien bien dressé; un signal muet,
» un mouvement de la tête ou de la main suf-
» fisent. »

Et plus loin, en parlant des petits épagneuls :

« C'est avec le doigt, l'index de la main droite,
» que nous devons transmettre notre désir au
» petit chien. Il est vraiment remarquable de
» voir avec quelle rectitude, quelle dextérité...
» les épagneuls travaillent dans toutes les direc-
» tions sur l'indication toute simple du doigt. »

En analysant plus haut les moyens prescrits
par M. P. Caillard, nous avons vu comment on
habitue les chiens à obéir aux gestes du maître,
et j'ai dit de mon côté qu'on peut diminuer progressivement les sensations jusqu'à ce qu'elles
deviennent presque imperceptibles pour les spectateurs.

On peut donc facilement comprendre comment
le célèbre *Munito* a été dressé à pousser l'un ou
l'autre dé de domino, au moment où le Barnum
Farina, surveillant les jeux, faisait entendre un
grattement de l'ongle du pouce sur la table, et
comment les deux autres chiens *Bianco* et *Fido*
ramassaient certaines cartes entre celles qui
étaient à terre, à un léger frottement du pied,
ainsi que l'a expliqué le docteur A. Netter dans
la *France Chevaline* des 23 et 30 octobre 1880.

Je dis donc que, pour les chiens aussi bien
que pour les chevaux, tout système de dressage
consiste à associer et à opposer certaines sensations les unes aux autres, sans que rien nous

montre que l'animal comprenne quoi que ce soit.
Quant aux animaux qui montrent plus de dispositions que d'autres pour certains exercices, c'est
que leurs sens sont plus subtils, que leur conformation, leur tempérament se prêtent mieux à
l'exécution de ces exercices.

IV

FAITS D'OBSERVATION CONSTANTE

Dans le livre d'Henri Webb intitulé : *Dogs, their points, whims, instincts and peculiarities*, on trouve une quantité d'anecdotes comme celle-ci, que je traduis littéralement :

« SUICIDE D'UN CHIEN : Vendredi, de bonne
» heure dans la matinée, à Queenstown, un des
» actes les plus singuliers dans les annales du
» suicide a été accompli par un grand chien de
» race russe qui, depuis son arrivée dans le
» pays, était attaché au *Cunard tender Jackal*
» Le pauvre Naa était un chien d'habitudes ai-
» mables, mais excentrique (?), misanthrope (?),

» de temps en temps se plaisant à faire des pro-
» menades solitaires dans la campagne et restant
» ainsi quelquefois absent plusieurs jours de
» suite. Il était très aimé de l'équipage et jamais,
» lorsqu'il était à portée d'entendre le sifflet, il
» ne désertait son poste à bord du *tender* dans
» lequel il visitait tous les vaisseaux de la ligne.
» Il connaissait tous les cuisiniers dans le ser-
» vice de Cunard et considérait comme son pre-
» mier devoir (?) de présenter ses respects (!) à
» chacun d'eux lorsqu'il venait à bord : ceux-ci
» le régalaient de débris de viande dont il em-
» portait à terre, *pour* les finir à son aise (?) les
» morceaux qu'il ne pouvait manger de suite.
» L'animal était extrèmement doux et inoffensif
» et avait de nombreux amis, surtout parmi les
» gamins de Queenstown, dont il s'était attiré la
» confiance par sa grande docilité et son intelli-
» gence, et qui, cela est certain, regretteront
» sincèrement sa mort prématurée et volon-
» taire (?).

» *On ne peut que faire des conjectures* sur le
» motif qui a déterminé Naa à accomplir sa fa-
» tale résolution, car il est maintenant impossible
» de dire s'il était atteint de cette maladie *men-
» tale*, à laquelle les chiens sont sujets comme
» les hommes (?), ou si c'était seulement *une*

» *question de puces* et si sa patience et sa peau
» n'avaient pas eu à souffrir au delà de ce qu'un
» chien peut supporter. Ce qui est *certain*, c'est
» que Naa s'était épris d'amour (?) pour une
» chienne poodle, dont le propriétaire habitait
» sur la plage, et que, dans la matinée de la
» veille, on l'avait vu revenir de cet endroit la
» queue basse, l'air découragé, la démarche pi-
» teuse. On suppose que le pauvre amoureux
» *avait eu une querelle avec l'objet de sa flamme,*
» et que la façon dont il avait reçu son congé (?) le
» poussa à se détruire (!). Pour aggraver encore
» son *chagrin,* il fut rencontré, comme il revenait,
» par quelques chiens errants qui, selon l'habi-
» tude de ceux de leur espèce, *se moquèrent de la*
» *façon la plus insultante* (!) *de son air abandon-*
» *né* (!). La malheureuse créature commit l'im-
» prudence de riposter : une bagarre s'ensuivit,
» dans laquelle le nombre et la force brutale
» eurent le dessus, et Naa en sortit fortement
» étrillé. Cette nouvelle *humiliation* (!), et sans
» doute aussi *la crainte qu'elle parvînt à la con-*
» *naissance de Poodleina* (!!!), le mena droit à la
» *folie* (!) ; il courut à la plage, et, aboyant un
» dernier adieu à ses amis (!), il se jeta dans la
» mer. Plusieurs spectateurs. parmi lesquels un
» officier du *Jackal,* qui nous a adressé un récit

» corroborant les principales circonstances, frappé
» de la conduite extraordinaire du chien, se jeta
» à l'eau et essaya de le sauver ; mais l'animal,
» évitant *résolument* (?) d'être saisi, continua de
» plonger sous l'eau, à travers laquelle on le
» voyait s'accrocher au fond avec ses pattes,
» *comme pour* hâter sa mort (?) et chaque fois
» qu'en dépit de ses efforts il revenait à la sur-
» face, il se jetait furieusement sur les mains qui
» se tendaient vers lui. Les hommes, le croyant
» enragé, revinrent enfin à terre, l'abandonnant
» à son sort, et bientôt il s'enfonça pour ne plus
» reparaître, laissant après lui de nombreux re-
» grets et la *réputation d'un suicide* qui éclipse,
» *par la résolution avec laquelle il fut accompli,*
» ceux qu'on attribue aux scorpions. Cette his-
» toire extraordinaire est *parfaitement authen-*
» *tique* et a été confirmée par plusieurs témoins.
» Elle mérite de figurer dans la prochaine édition
» des *Anecdotes of Animals.* »

Elle mérite aussi de figurer dans la *Revue scien-*
tifique, à côté des récits de MM. de Lacaze-Duthiers, Guillaume, J. Piolti, Dubuc, etc., qui ne
lui cèdent en rien par l'ingéniosité des remarques,
la précision des détails, l'authenticité des témoi-
gnages et la méthode de raisonnement ; il est
pourtant regrettable que, ne sachant pas au juste

si c'était l'amour ou les puces qui avaient inspiré à Naa sa « fatale résolution », on n'ait pas eu l'idée de repêcher son cadavre et d'en faire l'autopsie pour voir si, à la suite de sa bataille avec les chiens errants, il n'était pas tout simplement devenu enragé. Mais on ne peut penser à tout.

Dans le même livre, on parle d'un *skye-terrier* qui *connaissait fort bien* les jours de la semaine et *savait* que le jeudi il accompagnait ses maîtres à la campagne. Un jour qu'il faisait trop chaud, on le laissa à la maison, mais il s'enfuit, arriva avant ses maîtres au rendez-vous et *éclata de rire* en les voyant, car, affirme l'auteur, *les chiens peuvent rire tout aussi bien* (as plainly) *que les hommes.*

A rapprocher encore des récits rapportés sérieusement par de grands savants, Darwin en tête, qui n'ont pas l'air de se douter des notions abstraites qu'il faut avoir pour connaître les jours de la semaine, ni du travail méthodique que l'esprit doit s'imposer pour faire la cent millième partie des raisonnements qu'ils prêtent aux animaux.

Je l'ai dit, de pareils faits d'*observation accidentelle* ne se discutent même pas, au moins dans l'état actuel des connaissances que l'on a en matière de physiologie animale ; et il est vraiment incompréhensible qu'on les accueille à colonnes ouvertes dans des publications scientifiques et qu'on ne nous oppose que des faits de ce genre, alors qu'on néglige de discuter les faits expérimentaux dont j'ai parlé jusqu'ici.

Je vais m'occuper maintenant des faits d'*observation constante* qui constituent les mœurs des animaux et dans lesquels on prétend voir la manifestation de sentiments semblables aux nôtres.

On admet généralement que les animaux sont dirigés dans l'accomplissement de leurs actes par une force *indéfinissable* qu'on nomme l'*instinct*, ou les *instincts* — car le nombre, paraît-il, n'en est pas encore connu.

Le docteur A. Netter a, ici encore, jeté une vive lumière sur la question en faisant remarquer que le mot instinct n'explique rien du tout, ne signifiant lui-même rien de précis, et doit être rayé du vocabulaire scientifique.

Toutes les actions des animaux sont déterminées par des *sensations physiques*, lesquelles sont comme le moteur de ce merveilleux mécanisme animal composé d'organes vivants et sensibles.

A certaines époques de l'année, les animaux entrent en rut ; différents symptômes se produisent dans l'organisme, les parties sexuelles sont dilatées et dégagent une odeur qui attire les uns vers les autres les individus de sexe différent.

Bien que vivant continuellement avec le même chien, bien qu'elle ait eu de lui déjà plusieurs portées, rien ne montre que la chienne ait pour lui la moindre affection ; pendant la période du rut, elle s'accouple aussi volontiers avec tout autre chien, de même que le chien avec toutes les chiennes et, cette période passée, la femelle repousse brutalement toute tentative du mâle. Il en est de même pour le cheval et la jument ; celle-ci, lorsqu'elle n'est pas en chaleur, frappe l'étalon qui l'approche, si bien qu'on est obligé de mettre entre eux une séparation pour éviter les accidents.

Et si quelques faits semblent montrer qu'un mâle a une préférence pour une femelle ou inversement, cela s'explique fort simplement par la raison que les odeurs de l'un ou de l'autre peuvent être plus ou moins excitantes.

En outre, on se trompe quelquefois sur l'état des organes de la femelle qui peut être plus ou moins prête à recevoir le mâle. Il y a une dizaine d'années, je possédais un magnifique couple de chiens mastiffs ; lorsque la chienne fut en chaleur, je laissai plusieurs fois le chien avec elle ; il était très excité, mais la chienne le repoussait à coups de dents ; cela dura ainsi pendant plusieurs jours, de sorte que, craignant que l'occasion fût perdue et pensant que le chien était maladroit, je conduisis ma chienne à un autre chien moins beau, et cette fois l'accouplement eut lieu. Or, j'ai su depuis que lorsque les chiennes commencent à donner tous les signes de la chaleur, elles restent pendant plusieurs jours encore sans accepter le mâle, et que si j'avais attendu un jour de plus, la chienne dont je parle aurait accepté mon chien aussi bien que l'autre.

Je le demande, le rut et l'accouplement des animaux ressemblent-ils à l'*amour* humain?

Les petits viennent au monde, la mère les lèche comme elle lèche tout corps humide imprégné de certaines odeurs; elle est retenue près d'eux par la fatigue et par le besoin d'être débarrassée du lait qui la gène; ils se serrent contre elle et plus tard la suivent, poussés par le besoin de chaleur et de nourriture. Et ce qui montre bien que ces besoins physiques sont les seuls liens qui unissent la mère et ses petits, c'est que, dès que les besoins disparaissent, tout semblant d'affection cesse.

Est-ce là l'*amour maternel* et l'*amour filial?*

Le chien est attaché à son maître par la satisfaction de besoins physiques et les habitudes contractées; la présence du maître devient donc pour lui un véritable besoin physique, comme la présence de la mère en était un pendant l'allaitement ; si le chien perd son maître, il le cherche comme il chercherait sa nourriture, et il le retrouve souvent à de grandes distances comme il trouve le gibier à la piste.

Est-ce là de l'*amitié?*

Lorsqu'un objet a produit une sensation, la vue seule de cet objet renouvelle une sensation semblable ; ainsi, quand un chien a été frappé avec un fouet, la vue seule du fouet renouvelle l'impression des coups ; quand un cheval s'est arrêté plusieurs fois devant une porte, la vue seule de cette porte le fait s'arrêter de nouveau. Mais rien ne prouve que l'animal ait de la *mémoire,* c'est-à-dire qu'il puisse se remémorer volontairement une chose.

L'animal souffre lorsqu'il subit de mauvais traitements et des coups, il souffre aussi de la non-satisfaction de besoins physiques tels que la faim, la soif, etc., mais il ne souffre jamais moralement. Si, ayant perdu son maître, on le garde dans une autre maison, il s'accoutume bientôt aux odeurs de son nouveau maître, contracte de nouvelles habitudes qui détruisent promptement l'agitation causée par la perte du premier maître, et rien n'indique qu'il regrette celui-ci ; pourtant il suffit qu'il le revoie pour que le son de sa voix, l'odeur qui émane de lui renouvellent les sensations d'autrefois, produisent une excitation nerveuse, des cris, des gambades. Mais rien ne prouve que l'animal ait des *pensées joyeuses ou tristes.*

Certains objets, certains bruits auxquels l'animal n'est pas accoutumé ou qui affectent particulièrement ses sens produisent sur lui de fortes impressions qui, selon leur nature et la disposition naturelle des organes, le font fuir précipitamment ou le clouent sur le sol, tremblant de tous ses membres et comme paralysé, ou au contraire le mettent en fureur. Par le dressage on peut accoutumer graduellement l'animal à voir les objets, à entendre les bruits qui d'abord le surexcitaient, mais rien n'indique qu'il puisse *redouter* un péril lointain, *affronter volontairement* un danger quand ses sens le poussent à fuir, ou *éviter prudemment* ce danger quand ses sens le poussent à l'affronter. J'ai fait bien des routes à cheval et en voiture, j'ai assisté à bien des courses, à des chasses, j'ai fait dans la cavalerie la campagne de 1870, je n'ai jamais vu un cheval soutenu par son *courage* pour supporter la fatigue ; j'ai toujours constaté, au contraire, que son ardeur est en raison directe de son tempérament, de la nourriture qu'on lui donne et des excitations qu'il reçoit.

On parle de l'*amour-propre* de certains chevaux qui, par exemple, prendront un air plus fier en passant dans un endroit fréquenté, pour se faire admirer. Il est pourtant tout simple que l'animal qui quitte une route tranquille et arrive au milieu du bruit et du mouvement d'une ville en soit excité et caracole — surtout si son cavalier se sert imperceptiblement de ses mains et de ses jambes pour stimuler sa monture.

Faites partir au pas un cheval attelé et abandonnez-le aussitôt : s'il est fatigué ou de nature indolente et que rien ne l'excite en route, il continuera son chemin tranquillement, se détournera lui-même des obstacles, mais il ne tournera jamais la tête pour voir si la voiture qu'il traîne peut passer ; et s'il s'agit d'un cheval moins fatigué et ayant plus de sang, il ne tardera pas à s'emballer.

A l'écurie, le cheval ne prend jamais la moindre précaution pour ne pas vous frapper lorsqu'une mouche le tourmente, vous marcher sur le pied, etc. D'ailleurs, les chiens ne prennent pas plus de précaution pour ne pas vous faire mal lorsqu'ils vous posent leur patte sur la figure en vous « caressant ». Sur la route, le cheval s'arrêtera, puis sautera par-dessus le corps d'un homme étendu à terre, le plus souvent sans le toucher, comme il sauterait par-dessus tout autre obstacle. On voit dans les cirques des éléphants enjamber le corps de leur cornac ou poser légèrement le pied dessus sans appuyer, et le public ne manque jamais d'admirer le soin qu'ils prennent ; mais ils ont été dressés à cela ; on leur a piqué la plante des pieds pour les habituer à les lever et à les tenir en l'air ; le membre se lève par l'habitude de fuir la douleur et non par crainte de faire mal à l'homme. On dit que les chiens prennent bien garde de ne pas faire de mal aux jeunes enfants qui jouent avec eux ; combien n'ai-je pas vu d'enfants culbutés par des chiens, leurs compagnons ordinaires ? Plus de vingt personnes, parmi mes connaissances, ont eu leurs chiens estropiés en promenade par leurs chevaux ; j'ai eu moi-même un chien tué, un autre estropié et plusieurs autres blessés de la même manière, et toujours sans que les chevaux m'eussent paru chercher à éviter les accidents. Tout cela ne montre-t-il pas que les animaux n'ont pas *conscience* de ce qu'ils font ?

Mon chien, dites-vous, comprend si bien, quand il a mal fait, qu'il vient à mes pieds en rampant me *demander pardon*. Je réponds : Votre chien a déjà été corrigé ; votre geste, le ton de votre voix renouvellent la sensation des coups reçus, voilà tout ; et la preuve, c'est que s'il n'a rien fait de mal et que vous parliez sur le ton que vous employez d'habitude pour le gronder, cela seul suffira pour qu'il vienne de même se coucher à vos pieds. S'il avait conscience du bien et du mal, ne s'efforcerait-il pas au contraire de vous faire comprendre qu'il ne mérite pas vos reproches ?

On voit des chiens jouer ensemble en aboyant ou, en chasse, donner de la voix, etc., et on en conclut qu'ils ont un langage, qu'ils cherchent à se faire comprendre de nous et se comprennent entre eux ; mais ne voit-on pas que ces cris sont mécaniquement produits par des sensations, par une excitation quelconque ? Mon chien Brenn, déjà nommé, me *causait* souvent, comme on dit ; je lui répondais ; notre conversation se prolongeait quelquefois ainsi fort longtemps, devenait de plus en plus bruyante et se terminait par de véritables vociférations, comme il arrive souvent dans les réunions politiques. Je n'hésite pas à affirmer que nous n'avons jamais su ni l'un ni l'autre ce que nous nous disions, ce qui complète la ressemblance. Pour faire ainsi « parler » ou « chanter » un chien, il suffit d'émettre soi-même certains sons ou de jouer d'un instrument ; le son prolongé provoque le cri, sans doute comme chez les hommes le bâillement provoque le bâillement, et cela explique les exemples que l'on cite de chiens qui gémissent quand on leur parle de leur maître mort ou absent. Notez que ce même Brenn, lorsqu'il suivait ma voiture par une nuit noire, n'a jamais eu l'idée, non plus qu'aucun autre chien de ma connaissance, d'aboyer pour me faire savoir qu'il était près de moi quand je l'appelais. Ceux qui prêtent aux animaux tant de beaux raisonnements et un langage si expressif, ne seraient-ils pas stupéfaits s'ils voyaient seulement un chien répondant *oui* et *non* par un cri quelconque, un signe de la tête ou de la queue à des questions très simples qu'on lui poserait? Les chiens tranquillement assis devant le feu se font-ils des questions et des réponses, échangent-ils des idées, conversent-ils entre eux, en un mot font-ils usage de la voix sans sauter en même temps les uns sur les autres, sans se poursuivre en jouant, en se mordillant, etc.? Donc, toutes les fois qu'ils crient, ils subissent une excitation nerveuse, ils n'expriment pas une idée : ils n'ont pas de *langage*.

Le *dévouement* au maître qu'on préconise comme si l'animal savait ce qu'il fait, a-t-il jamais poussé un chien bien portant à refuser la moitié de l'unique morceau de pain que ce maître

affamé partage avec lui? Ne suit-il pas glouton-
nement des yeux l'autre moitié qui disparaît?

Le marquis de Cherville, dont le témoignage
ne sera pas suspect, déclare qu'il ne croit pas
que l'intelligence des animaux s'élève jusqu'à
l'*idée de la mort*.

« Nous avons toujours été frappé, dit-il, du
» peu d'impression que produit sur le chien la
» vue du cadavre de l'un de ses semblables : il le
» flaire légèrement et, même lorsque ce mort a
» été un compagnon agréable, il s'écarte sans ·
» manifester de sensation d'aucune espèce...

» L'instinct de la conservation des petits, si
» fécond en miracles chez les oiseaux, ne leur
» apprend ni la mort ni ses conséquences. Qu'un
» des deux pigeonneaux des nids du colombier
» vienne à mourir, ni le père ni la mère, des
» nourriciers d'élite cependant, ne tenteront le
» moindre effort pour débarrasser le survivant
» du voisinage de cette charogne... »

« Nous avons vu mourir déjà pas mal de chiens
» dans le cours de notre assez longue existence;
» jamais, bien que nous y regardions de fort
» près, nous n'avons surpris chez les camarades
» des défunts, une trace de sensibilité quel-
» conque. »

On cite des chiens qui se couchent sur le corps

de leur maître mort «comme pour le réchauffer », dit-on; mais on oublie qu'on a vu des enfants vivants étouffés de la même manière par le chien de la maison; M. de Cherville parle d'un caniche noir, nommé Caleb, qui suivit le corbillard de son maître jusqu'au cimetière et qu'on eut de la peine à arracher à la place où reposait le défunt. Mais six mois après, ramené à la même place, il la flaira *avec la même indifférence que le gazon voisin.* Et pourtant si à ce moment, si longtemps après, il s'était retrouvé en présence du maître vivant, n'aurait-il pas couru à lui en sautant et en aboyant? N'est-ce pas là une preuve que les souvenirs sont absolument passifs chez le chien, au point que, seule, la présence d'un objet peut renouveler les sensations déjà subies, mais que l'animal est incapable de se rappeler quoi que ce soit par un effort de la pensée?

Les chasseurs disent que, vers la fin de la saison de la chasse, le gibier est beaucoup plus *prudent* qu'au commencement, et ils en concluent qu'il a conscience des dangers qui le menacent, qu'il connaît même les ruses employées contre lui et qu'il sait les déjouer, diriger habilement sa fuite, embrouiller ses voies pour faire perdre sa piste. Voici ce que répond à ce sujet le docteur A. Netter :

« Les lièvres et les cerfs qui ont déjà été pré-
» cédemment poursuivis dans des chasses, vivent
» dans des transes continuelles. Voici de nou-
» veau la chasse, et le cerf, détalant, la laisse
» loin derrière lui ; mais il ne se remet pas ins-
» tantanément de son affolement, puisqu'il vit
» habituellement dans les transes ; aussi s'ef-
» fraiera-t-il alors d'un rien, d'un oiseau se le-
» vant, de la chute d'une feuille, et de là ses
» courses à droite et à gauche ; qu'une pierre
» vienne à rouler sous ses pieds, il sautera en l'air.
» Cela dure ainsi jusqu'à ce que, la chasse s'étant
» rapprochée, la sensation du péril réel le fera
» encore fuir droit devant lui. Quant au lièvre
» qui va faire partir du gîte un autre lièvre, dont
» il prend la place, n'est-il pas évident que cet
» autre lièvre, à la vue de l'intrus qui s'est pré-
» cipité haletant dans sa retraite, prend peur à
» son tour, s'élance dehors et part devant la
» chasse qui arrive. »

J'ajouterai que l'on se trompe encore lorsqu'on
croit que le gibier fuit dans le sens du vent dans
l'intention que les émanations qu'il laisse derrière
lui n'arrivent pas au nez des chiens : il cède tout
simplement à la sensation désagréable que lui
cause à lui-même le vent soufflant dans sa figure;
la preuve, c'est que les chevaux qu'on laisse ar-

rêtés en liberté contre le vent ne tardent pas à se retourner de l'autre côté, et que, par un **vent** violent, on a de la peine à les faire avancer.

De même que l'homme dresse les animaux domestiques au moyen des sensations physiques, de même les animaux en liberté contractent des habitudes selon les sensations qu'ils subissent chaque jour, selon les circonstances qui les entourent : c'est ainsi qu'un vieux renard semble être plus *rusé*, plus *prudent* qu'un jeune, tout simplement parce qu'il a été dressé par les circonstances de sa vie. Par exemple, il est entré un jour dans un poulailler, attiré par l'odeur des poules, et il a été reçu par le chien ou par le bâton du propriétaire ; une autre fois il s'arrêtera avant d'entrer, fera plusieurs détours, semblera méditer sur un moyen de pénétrer sans être vu; en réalité il ne pense à rien du tout; mais au moment de franchir la porte, la vue de cette porte renouvelle la sensation des coups de dents ou des coups de bâton ; alors, poussé d'un côté par son appétit, retenu de l'autre par la sensation désagréable déjà subie, il cède alternativement à celle-ci ou à celui-là.

Les *rêves*, qui, chez l'homme, sont des actes inconscients, ne sauraient prouver la conscience chez l'animal ; le système nerveux a été assez fortement ébranlé pendant la veille pour vibrer encore pendant le sommeil, ou bien une odeur, un son produisent une sensation qui met les nerfs en action. Le rêve est donc chez l'animal un phénomène purement physique.

Les animaux n'ont pas un bon ou un mauvais *caractère*. Les chevaux qui mordent ou qui frappent sont des animaux très impressionnables, chatouilleux, auxquels le moindre attouchement, puis l'approche seule de l'homme produit une sensation insupportable. De même qu'une personne chatouilleuse se livre, dès qu'on la touche, à toutes sortes de mouvements brusques et involontaires, de même eux lancent des coups de pied sans la moindre préméditation. Outre ces chevaux qui sont naturellement très impressionnables, par conséquent dangereux mais non *méchants*, il y a des chevaux qui sont de même devenus dangereux parce qu'on les a frappés, surexcités, comme les chiens de garde deviennent plus hargneux si on les irrite. Il se peut fort bien que ces chevaux ou ces chiens frappent et mordent, même après un intervalle de temps plus ou moins long l'homme qui les a maltraités, puisque la vue de cet homme, l'odeur qui émane de lui, le son de sa voix, renouvellent la sensation passée. Mais rien ne prouve que l'animal ait résolu de se venger, ni qu'il ait combiné un plan à cet effet.

On voit des chiens lécher les plaies d'un autre chien ou celles de leur maître, mais il ne faut pas oublier que les chiens lèchent et mangent toutes sortes de choses malpropres dont l'odeur les attire.

Où donc, mais où donc se cache cette intelligence si vantée, que je ne découvre nulle part?

Les animaux transmettent-ils à leurs enfants le fruit de leur propre expérience? Font ils des progrès? Les castors bâtissent-ils mieux, les oiseaux font-ils mieux leurs nids aujourd'hui qu'autrefois? Les lièvres ont-ils inventé de nouveaux moyens d'éviter les atteintes du chasseur? Et les papillons modernes ne se brûlent-ils plus à la chandelle? A-t-on jamais vu un chien, ayant à sa disposition tout ce qu'il faut, du bois, des copeaux, même tout préparés, et, à une petite distance de là, une boulette de papier enflammé essayer d'allumer le feu, lui qui l'aime tant? L'a-t-on vu aller chercher une couverture, la déplier, et la disposer pour s'en faire un lit confortable, faire enfin des efforts intelligents pour améliorer sa situation?

Non. Les animaux sont aujourd'hui ce qu'ils ont toujours été; ils n'ont pas d'idées, ils n'agissent jamais que poussés par des sensations, Darwin dit qu'on a tort de vouloir donner à leurs sentiments d'autres noms qu'aux nôtres. Je crois avoir démontré qu'il n'y a rien chez les animaux qui ressemble aux sentiments humains.

Il est vrai que je n'ai parlé que de ce que j'ai vu tous les jours, de ce que tout le monde peut voir comme moi, et que je n'ai examiné ni les ossements, ni les mœurs des races préhistoriques. Mais les exemples que j'ai cités suffisent, ce me semble, à faire comprendre comment s'accomplissent tous les actes des animaux sans exception.

V

CONCLUSIONS

De ce qui précède, résulte, si je ne me trompe, la preuve que la théorie darwinienne est fausse tout au moins en ce qui concerne l'Homme qui doit former un règne à part dans la classification des êtres organisés.

Je suis convaincu que tous les animaux sans exception sont absolument dépourvus de facultés intellectuelles ; que, sous ce rapport, il n'y a aucune différence entre le singe, le chien, l'éléphant et l'huître. On peut dire seulement que certaines espèces sont plus ou moins susceptibles, selon la nature des impressions que les organes peuvent recevoir et des mouvements qu'ils peuvent faire, d'exécuter des actes plus ou moins compliqués.

Si, au lieu de prétendre nous révéler *ce qui se passe dans l'esprit des bêtes*, on se décide à chercher dans les *sensations* la cause physique de leurs actes, si l'on étudie les effets différents que produisent chez les différentes espèces d'animaux la vue des objets, les bruits, les odeurs, etc., j'ai la conviction qu'on fera des découvertes vraiment importantes et qu'on ne tardera pas à savoir quelles sont les sensations qui déterminent certains actes encore mystérieux, tels que les travaux curieux des castors, des fourmis, la construction des nids, les migrations, etc.

Cela ne vaut-il pas mieux, Messieurs les savants, que d'errer à la suite de Darwin dans les terrains vagues qu'il a pris pour une route et qui ne mènent nulle part ?

***

Je me propose d'examiner, dans un prochain ouvrage, d'autres conséquences capitales de la question que je viens de traiter brièvement ; mais, pour qu'on ne puisse supposer qu'en montrant

la ligne de démarcation infranchissable qui sé-
pare l'homme de tous les animaux, j'ai obéi à
certaines croyances religieuses, je tiens à dire
ici que je n'accepte aucune religion instituée par
des hommes, pas plus celle de Jésus que celles
de Manou, de Confucius, de Moïse ou de Maho-
met ; mais je me prosterne devant CELUI

> *que nul n'a pu connaître*
> *Et n'a renié sans mentir ;*

je crois en Dieu, parce que cette simple croyance
existe au cœur de tous les hommes de tous les
pays, et je crois à la création, parce qu'aucune
des hypothèses que l'on a faites pour expliquer
l'origine du monde ne satisfait mieux ma raison.

TABLE

LES CHIENS ENRAGÉS

L'exercice est indispensable à tous les chiens, et plus leur force musculaire est considérable, plus ils ont besoin de la dépenser. C'est donc à tort que l'on exige que les chiens de garde ne sortent pas de la maison.

C'est à tort aussi que l'on prescrit de tenir les chiens en laisse, attendu qu'ils ne peuvent ainsi prendre assez d'exercice. En outre, comment, lorsqu'on est à cheval ou en voiture, pourrait-on tenir son chien en laisse?

Le supplice de la muselière est encore plus absurde. Quand un chien sort avec son maître, il y a fort à parier qu'il n'est pas enragé; et si un chien devient enragé et s'enfuit de la maison, pense-t-on qu'avant de partir il se mettra une muselière à lui-même?

Les chiens susceptibles de répandre la rage sont les chiens sans maîtres et ceux, mal soignés, mal surveillés, qu'on laisse errer seuls.

Il faut pour éviter les accidents :

1º Exercer une active surveillance pour empêcher qu'aucun chien ne sorte sans son maître; conduire à la fourrière tous ceux qui seront pris en flagrant délit de vagabondage;

2º Exiger que tout chien porte un collier indiquant le nom et l'adresse de son maître, et punir d'une amende tout propriétaire dont le chien sera vu sans collier;

3º Vendre, au bout d'un court délai, les chiens non réclamés et abattre, impitoyablement, ceux qui ne seraient pas vendus;

4º Enfin, LA PRÉCAUTION LA PLUS NÉCESSAIRE EST CELLE-CI : Interdire sévèrement la circulation des chiennes en chaleur sur la voie publique, à moins qu'elles soient tenues en laisse. Elles occasionnent des rassemblements de chiens qui se mordent entre eux, et font souvent de longues distances, haletants, épuisés. Là est peut-être la cause même de la maladie.

Paris. — Imp. Balitout et Cⁱᵉ, 7, rue Baillif.